U0163049

24 HEURES DANS
LA VIE DES ÉTOILES

［法］帕斯卡·德康
（Pascal Descamps）———著

陈榕———译

# 24小时
# 天文课

北京联合出版公司
Beijing United Publishing Co.,Ltd.

后浪

**图书在版编目（CIP）数据**

24小时天文课 /（法）帕斯卡·德康著；陈榕译
. —— 北京：北京联合出版公司, 2022.5
ISBN 978-7-5596-5963-7

Ⅰ. ①2… Ⅱ. ①帕… ②陈… Ⅲ. ①天文学—普及读
物 Ⅳ. ①P1-49

中国版本图书馆CIP数据核字（2022）第025528号

## 24小时天文课

[法] 帕斯卡·德康（Pascal Descamps） 著

陈榕 译

出 品 人：赵红仕
出版监制：刘 凯 赵鑫玮
选题策划：联合低音
责任编辑：夏应鹏
封面设计：黄 婷
内文排版：薛丹阳

关注联合低音

北京联合出版公司出版
（北京市西城区德外大街83号楼9层 100088）
北京联合天畅文化传播公司发行
北京华联印刷有限公司印刷 新华书店经销
字数111千字 880毫米×1230毫米 1/32 7印张
2022年5月第1版 2022年5月第1次印刷
ISBN 978-7-5596-5963-7
定价：42.00元

# 目 录

# 引 言

　　天文学是一门令人着迷的科学，它将我们引入遥远世界的另一端，来到宇宙的中心，这个中心的大小超过了我们的认知。在这里，人类只是生命的一道印记。望远镜这一巨兽般的现代科学设备揭开了宇宙的神秘面纱，将奇妙的世界呈现在众人眼前，展现出难以置信的画面，令人沉醉其中。夜空繁星密布，即便是如此简单的景象，也能激起人们内心的情感和疑问。

　　天文学是一门看似遥远的科学，但也是一门日常学科。对于那些大胆地提出看似微不足道的问题的人来说，天文学的出现，就像是一场完全无法预知终点的旅行。你是否曾思考过这样的问题：为什么夜晚的天空是黑色的？天上有多少颗星星？为什么每年的复活节日期都不一样？我们的日历是怎么来的？一个星期为什么有七天？

　　天文学有两面性，天文学家也如此。如果说，自古以来天文学家大多被视为天空的观察者和宇宙秘密的守护者，那么如今的天文学家则更像是一部计算器、一个构建模型和理论的雕刻师，而这些作品的原材料则是他们日常的观察成果。天文学家在社会中的位置逐步明确并且得到了肯定，同时也在日常生活的方方面面发挥着作用：运用天体运行的知识编写年历；为文明构建复杂的数学体系；奠定人类先进社会的活动属性，比如每天晚上城市灯光的开启时间就取决于人们对太阳运行活动的了解。

另一方面，天文学家的任务还包括观测太阳活动和宇宙中其他可能与地球发生碰撞的飘浮物。他们利用一些分布在地球周围的太空望远镜，观测未被编入清单但运行轨迹可能距地球非常近的天体，通过测量这些未知天体的物理特性——体积、速度等，以此评估它们对人类的威胁程度。

作为巴黎天文台天体力学和历算研究所下设机构天文计算与信息服务部的负责人，我始终和公众保持长期联系。这项工作在法国独一无二，任何机构或个人都可以通过我们了解信息。长期以来，我一直沉浸于科研工作，但在实践中逐渐发现，天文学早已进入了人们的日常生活，也意识到这个社会有多么需要天文学和天文学家。

我收到过很多五花八门的问题。有些问题来自出版业专业人士，尤其是涉及一些如何利用月球活动"提高园艺水平"的书籍。还有一些问题来自试图追溯"基遍之战"所属年代的古天文学家和历史学家——正是在这场战役中，约书亚阻止了月亮和太阳的前进。还有一个例子是：在 1916 年的一张照片里，利用巴黎蒙帕纳斯街区影子长度这样简单的记录，就可以知晓画家毕加索和诗人、小说家马克斯·雅各布的见面时间。还有一些问题来自对天空的光现象充满好奇或焦虑的艺术家，为了捕捉到绝佳的视角或画面，他们希望了解黄昏或满月时观赏埃菲尔铁塔的最佳时机。另外，为巴黎大清真寺的教长确定伊斯兰斋月的日期，也是我们机构的特有职能之一。

我还收到过一些令人费解或前所未有的问题。比如曾经有人为了进行一场隐秘的巫术，写匿名信向我询问下次天体相遇的日期，这个匿名人甚至拒绝在语句中使用阴性的天体词汇，改用其他阳性词语来代替[1]。更让人惊讶的是，有一位被关押在加利福尼亚州骡溪州立监狱（Mule Creek State Prison）四十多年的连环杀手，竟然沉迷于天文学研究，可能只是为了消磨时间吧……法院也可以在司法允许的范围内

---

1 法语名词有阴阳性之分。有生命的名词可以按性别对应阴阳性进行区分，无生命的名词也有其特定的阴阳性。——译者注

要求机构进行天文鉴定，比如分析交通事故、空难或凶杀事件中的亮度或光线条件。我们收到的请求多种多样，这也足以说明今天的天文学在人类日常生活中的地位举足轻重。

本书汇集了人们最常提出的一些问题，并对此加以解释和概括，以期帮助人们更好地理解日常生活中的天文学。时光不止，24 时不停运转，本书将引导读者在一天中的每个小时都能发现一个独特的天文学问题。

在这并不寻常的一天里，我们将倚靠在作画的凡·高肩膀上，庆祝新的一年开始，在结束复活节弥撒之后来到集市，见证蓝精灵的诞生，查看我们自己的星宫图，装扮圣诞树，等待斋月的结束。我们将不仅在时间中旅行，从古埃及王朝一直到 21 世纪，还将穿越空间的限制，从罗马到安的列斯群岛，再到格林尼治。你可以尽情期待，度过非常充实的一天！

不过别担心，我会尽力把那些偶尔很复杂的概念解释得简单明了，将这些概念建立在几何和代数基础上，以基本的天文学知识呈现出来。本书涉及的主题实际上涵盖了整个天文学的范围——球面天文学、天体力学、宇宙学、行星学、计量学、时间测量和光现象，这本书可以帮助你对这些领域有所了解。

　　你不需要成为科学家才能阅读这本书。每个人都能读懂它并找到适合自己的内容，我希望这本书能够激发出读者对天文学的求知欲。

## 00:00

# 61秒的一分钟

你还记得自己在2016年12月31日23点59分的时候做了什么吗？很可能是慌忙地从睡梦中醒来，急切等待着进入2017年的倒数计时。

十，九，八，七，六，五，四，三，二，一，零……新年快乐！和其他千百万人一样，你飞快地在手机上敲击打字，向朋友们发送新年的祝福。然而，这一年来得有些早。准确地说，是早了1秒钟。实际上，2016年的最后一分钟藏着一个陷阱。它的特别之处在于这一分钟比平常的时间多出1秒——不是60秒，而是61秒。正确的新年倒计时方法应该是数两遍"零"。

是什么神秘的原因让这一分钟比其他时间更长，变得如此与众不同？又是谁决定在这一年的最后一分钟加上额外的1秒？

是几个在巴黎工作的人，确切地说是在巴黎的国际地球自转和参考系服务处（IERS）工作的人。这几个人肩负重任，确保我们的手表和时钟保持准确，免于在分秒间产生偏差。他们的工作内容就是：一旦国际地球自转和参考系服务处决定增加 1 秒钟，他们就会在 12 月 31 日或者 6 月 30 日的 23：59：59 后将时间计数为 23：59：60，在此之后时钟才会显示为 00：00：00。

时间就是这样在不经意间增加了 1 秒钟。这让我想起一部由非洲童话改编的动画片——《叽里咕噜历险记》，其中的片头歌曲中有一句歌词：叽里咕噜并不高，胆子可不小。我们所说的这一闰秒就可以叫作"叽里咕噜的一秒"——自 1972 年以来，已经出现了 27 个这样的闰秒——以此校正标准时间。正因如此，太阳才能在正午时分升到天空顶端。如果没有闰秒，太阳总有一天会在我们手表指针还在半夜时就升上天空：积少成多，分秒相加就会造成巨大的差异。

要理解闰秒的产生就必须知道时间是如何测量的。时间是一个永恒的问题。从实际的角度看，我们并不需要知道时间是什么，重要的是知道几点几分。对于人类而言，不论一件事是否有历史意义，记录时间都是非常重要的。记录时间可以让人们创造一段完整的历史，使人彼此相见，避免因为迟到而错过见面，还能测量或比较每段时间的长短，或者庆祝新年的到来。不论是对我们的文化、历史，还是对个人、群体或是整个人类，时间的记录都必不可少。

测量时间需要以最精确的方式将每分每秒尽可能划分到最小单位。周而复始的自然现象构成了时间的第一层划分，最简单的例子就是地球自转，它的时长是通过太阳从同一方向连续升起的周期测量得出的。地球自转这个现象能够帮助我们定义一天有 24 个小时，每个小时有 60 分钟（*pars minuta prima*），意为"每小份的第一个"。

每分钟还会被划分成 60 等份，每份 1 秒钟（*pars secunda minuta*），意为"每小份的第二个"[1]。"分钟"和"秒"这两个词在中世纪拉丁语中就已出现。1 天也被定义为 86 400 秒（一天有 24 小时，1 小时有 60 分，1 分有 60 秒，即 $60 \times 60 \times 24 = 86\,400$），这是基本的时间单位，这个时间单位将全部的秒数相加，以秒来衡量时间。这种方法是通过一个振荡器和用于计数振荡次数的设备实现的。

---

1 由拉丁语演变而来的英语中，second 一词既有"第二"，也有"秒"的意思。——译者注

　　比如，一个基本的振荡器由摆锤构成，这个摆锤围绕一个指定的位置摆动。把一个小小的钢球或者铜球系在 1 米长的绳子一端，然后将它放在初始位置后松手，摆锤就会开始运动，每次摆动的时间是 1 秒，这不是非常奇妙吗？

　　从摆锤开始运动起，只要计数小球摆动的次数就可以知道时间过去了多久。次数多少取决于连接小球的绳子长短。实际上它的长度不是 1 米而是 993.93 毫米，而且测量地点必须在巴黎，此时小球在 24 小时内摆动 86 400 次。如果是在赤道，小球摆动一次的时间要比在巴黎摆动一次的时间长 0.001 5 秒，在 24 小时内只能摆动 86 271 次，这是因为地球在赤道对摆锤的引力更小，完成一次摆动需要的时间更长。为了使小球完成 86 400 次摆动，我们需要将绳子的长度减少 3 毫米。

　　这种方法简单而且十分精确，能够同时定义以秒计算的时间单位和长度单位，这里所说的长度单位就是小球每摆动 1 秒所对应的绳子的长度。早在 1670 年，巴黎天文台杰出的天文学家阿贝·皮卡德（abbé Picard）就曾提出这一方法。直到 1672 年，在前往卡宴[1]的一次天文探测

---

1 法属圭亚那首府，位于南美洲东北部赤道附近。——译者注

中，人们才发现这一现象，小锤在赤道摆动 1 秒所对应的绳子长度需要减少 3 毫米。这一发现否定了此前"绳摆长短标准具有普适性"的观点。

在之后的一个世纪，为了更接近于摆锤每秒运动的长度，人们在 1799 年采用了新的长度单位——米，即 1 米等于通过巴黎的地球子午线的 1/40 000 000。换句话说，我们取 1/4 巴黎子午线的长度，也就是这条经线上赤道到极点的距离，把这一长度分成 1000 万等份，每份就是 1米，而且这 1 米非常接近摆锤每秒运动对应的长度。这也是地球周长非常接近于 4000 万米的原因。

1 秒、2 秒、3 秒……为了测量连续时间内的摆动次数，摆锤必须是一个非常精密的系统。尽管如此，我们还是无法计数低于几分之一秒的时间。因此，为了提高时间测量的精度，就需要装配一个更快的振荡器，使它可以在 1 秒内摆动更多次，这和用刻度尺测量长度是同样的道理。刻度尺通常会精确到毫米，如果需要读到 1/10 毫米，就需要借助于游标卡尺。我们会发现，一旦需要更精确的刻度，测量的难度就会增加。此外，将 1 秒钟具体化的关键因素——摆锤长度，也会由于温度和压强的条件而产生变化。因此这并不是一个非常可靠的设备，所以这也是 17 世纪末和 18 世纪初的时钟需要经常（一般是每两天）校准的原因。然而到了 20 世纪初，一个新的问题出现了，地球的转速毋庸置疑地越来越慢，而自转愈加缓慢的直接后果就是一天的时间逐渐变长。此外，地球自转放缓并不明显，但会随着时间的增加逐渐显露出来。因此，从 1680—1880 年，一天增加了 0.003 4 秒（3.4 毫秒），所以我们不能将一天视为 86 400 秒，否则 1860 年的 1 秒就会比 1680 年的 1 秒更长。这也是在 1956 年人们对秒做出新定义的原因。

为此，人们使用了另一种周期性的天文现象：地球围绕太阳的运动，换言之就是一年。年的种类有很多，这里选择的是回归年。如果不事先说明的话，这个定义可能会让部分读者感到些许困惑。在他们眼中，还有另一个更长但并不难理解的解释。我们可以关注这四个时间段的平均值：相邻的两个春分日之间的天数（365.242 374…天），相邻的两个夏至日之间的天数（365.241 626…天），相邻的两个秋分日之间的天数（365.242 018…天），相邻的两个冬至日之间的天数（365.242 740…天），计算这四个时间段的平均值，就可以得到回归年，约 365.242 189…天。这个平均值从 2000 年 1 月 1 日起生效，随着时间的增长以 0.5 秒每世纪的速度减少。

尽管如此，这也比说"回归年即平太阳[1]连续两次通过春分点所需的时间"要更容易理解。1900 年 1 月 1 日起算的回归年共 365.242 198…天，即 31 556 925.974 7 秒（略高于 3100 万秒）。因此人们将 1900 年的 1 秒定义为 1 个回归年等分为 31 556 925.974 7 份的时间。与摆锤借助地球自转的原理测量秒一样，这种新的秒数计算基于地球公转，在实践中进行测量也十分困难。

从这个角度讲，我们有两种时间的范畴。一种和地球自转有关，1884 年以来被称为格林尼治标准时间（GMT）；另一种和地球轨道运动有关，被称作历书时（ET），然而历书时的 1 秒钟相对更短。实际上，大约从 20 世纪 50 年代初，英国和美国的实验室已经最早启用了原子钟，这一举动如同在时间领域投下一枚"原子弹"。当时的天文学家尚且是时间的主宰者，定义秒的工作原本由他们负责。最终，天文学家还是在物理学家和原子面前低下了头。

你是否记得前文提到，测量时间需要一个振荡器。振

---

1 平太阳，又名假太阳，是为了计算平均日常时间而定义的假想天体。——译者注

荡器速度越快，测量的精准度就越高。我们通过计数每秒振荡的次数来判断振荡器的频率，单位为赫兹。摆锤每秒钟摆动一次，其频率为 1 赫兹。不过这些还不够，还需要始终确保振荡器在相同时间内的频率保持高度一致，不会随着时间变化发生改变，其中存在一个问题：摆锤频率会因为温度不同而产生轻微的变化。

直到 1918 年，新的振荡器才出现，这就是石英振荡器。它的频率非常稳定，而且可以通过适宜的切割方式调节振荡频率。通常情况下，石英振荡器每秒振荡 32 768 次，即 32 768 赫兹。这个频率可以借助二分频电路实现 15 次二分频，以此获得每秒 1 次的脉冲。尽管如此，石英振荡器在稳定性上仍然有一些小问题，但误差比摆锤要小得多。摆锤在 24 小时后就会有 1 秒的偏差，而石英振荡器产生同样的误差需要 1000 年。为了尽可能保持频率精确，我们就需要对振荡器进行实时控制。

比较振荡器的频率和摆锤的频率就可以知道原子钟的优势所在。原子钟的频率可以通过原子核内部电子的振动频率测得，它利用的是铯 -133 原子，振动频率接近于 100 亿次每秒，并且不易改变，具有很高的准确性。正因为可以通过原子来控制振荡器的频率，所以原子钟在准确性上达到了史无前例的高度。从 1967 年起，这样的精确度就已经达到 3 万年才出现 1 秒的偏差。到了今天，出现这一偏差的时间已经延长到 300 万年。因此，在 1967 年，"秒"又有了新的定义。但是，新的秒数即原子秒，需要从 1900 年 1 月 1 日起与历书秒对应，而历书秒的概念来源于 1820 年提出的平太阳，这样就导致不同的时间范畴之间还是有差异。

原子秒又带来了一个新的时间范畴——国际原子时（TAI），这个概念在 1971 年被采纳为标准。原子秒如今被定义为"铯 –133 原子在基态[1]下发生 9 192 631 700 次能级跃迁[2]所用的时间"。简单来说，铯原子振动 90 亿次左右的时间就是 1 秒。

今天的秒更适合用来定义物理单位，从 1983 年开始，秒被用来定义长度单位——米。这正是三个世纪前皮卡德想做的事情，用摆锤测得的秒来定义米。现在的米是指光在真空中 1/299 792 458 秒通过的距离。每个时间范畴都需要确立一个基准，因此，人们规定国际原子时间与世界时（基于地球自转并被命名为 UT）于 1958 年 1 月 1 日 0

---

1 正常状态下，原子处于最低能级的状态。——译者注
2 能级跃迁：也叫电子跃迁，指电子从某一能层跃迁到另一能层。——译者注

时 0 分取相同值。

　　我们已经谈到了三个时间范畴：世界时、历书时和国际原子时。这已经包含很多内容了。这里顺便提出，需要注意国际原子时间的缩写为 TAI 而不是 IAT[1]，因为是法国负责维护这一时间范畴的数据，更准确地说是国际计量局（BIPM）负责。历书时和国际原子时完全一致，二者关系早已众所周知，今天的历书时是由国际原子时加上 32.184 秒得来的。不要费力去理解为什么在这两个时间范畴之间有 32 秒的差异，事实就是这样。这也说明一旦你用国际原子时记录一件事情发生的时间，那么对应的历书时〔我们今天也叫地球时（TT）〕就需要加上 32 秒。

　　相反，世界时和国际原子时并不是一回事。由于世界时和地球自转有关，而地球自转的速度越来越慢，但国际原子时的运转速率几乎保持不变，所以二者的差异也逐渐增加。然而，人们的生活却受到自然周期的影响——比如昼夜交替。我们的手表依据的不是国际原子时，而是一种本身和地球自转有关的周期。怎样才能找到一个既遵循无形抽象的国际原子时，又符合世界时的时间呢？

---

1 国际原子时的法语全称为 Temps atomique international，英语为 International Atomic Time。——译者注

再创造一个新的时间范畴，就是第四种了！这个新的时间叫作"协调世界时"（UTC），这一概念在1965年被正式引用。协调世界时和国际原子时之间有一定秒数的差异，二者的差值始终低于0.9秒，闰秒就是这样出现的，这一时间系统从1972年1月1日起生效。协调世界时就是我们手表或电脑上的时间（几乎完全相同，但后文会继续讨论），我们的生活受到它的影响。

国际原子时的标准非常精确并且稳定。协调世界时既可以和地球自转保持同步，又能够以近似0.9秒的差异和国际原子时保持内部一致性。因此协调世界时和国际原子时只有微小的差异，这种差异就是闰秒，也就是前文所说的"叽里咕噜秒"，我们在考虑地球自转变缓时就需要将这种差异计算在内。一旦协调世界时（接近于国际原子时的范畴）和世界时（与地球自转有关的范畴）的差值超过0.9秒，我们就需要给6月或12月最后一天的最后一秒再加一秒。这样看来，协调世界时似乎更应该叫"调解世界时"，因为这个时间范畴独有的功能就是调解两种完全不同且差异日渐增大的时间，甚至是让它们和解。或者说，这是让天文学家和物理学家和解，让古老和现代的时间掌控者和解。

　　地球自转正以一定的速度减缓，以至于每个世纪以每天 1.7 毫秒的速度缓慢地增加。

　　怎样把增加的秒数计入时间里呢？要得到这一结果，我们就需要给出必要的天数，以便把 1 秒钟精确地加在某一天的时间里。很简单，0.001 7 秒的另一个相对概念就是 588 天（计算一下，588×0.001 7 大约就是 1 秒！），也就是近 20 个月。我们把时间再推进一个世纪，现在是公元 2100 年，地球仍然保持着相同速度的减缓运动，一天的时间比 1900 年增加了 0.003 4 秒。换言之，0.003 4 秒累计为 1 秒需要 294 天，所以我们大约需要每 10 个月增加 1 秒。到了公元 2400 年，这个频率就将变成大约每 4 个月增加 1 秒。在 588 个世纪后，每一天会比前一天增加 1 秒，即每天的时间将为 86 401 秒，每天都会增加一个闰秒！不过地球自转的减缓速度并不固定，因此我们无法预料增加闰秒的具体日期。

　　我们知道闰秒增加的频率会越来越高，这也是它会长期存在的原因之一。2003 年在都灵举办的国际电信联盟（ITU）大会上，人们第一次提出了闰秒的问题。正是这微不足道的闰秒导致与协调世界时同步的电脑出现系统错误，而闰秒的规律也难以捉摸，因此反对它的呼声越来越高。2015年举办的国际电信联盟大会做出了决议，结果是暂时不做结论，并决定将闰秒去留的时间推迟到2023年。

毋庸置疑，一定会有人问道，这样精确测量时间的好处何在。因为有了原子钟，时间可以精确到1/1 000 000 000秒，这使得秒成为所有时间单位中定义最精确的单位。因此，人们尝试将其他基本单位与这一时间单位联系起来。我们以长度单位——米为例，今天它的概念仍然和铯原子通过光速的振荡频率有关。因此从1983年以来，米的概念就被定义为"光在真空中1/299 792 458秒通过的距离"。你会从中发现，光的速度直接被定义为每秒299 792 458米，这样一来就不涉及测量的问题，至少不会再触及米或秒的定义，除非米或者秒的定义再次被改变。

实际上，在如今的社会中，日益发达的国家经济的确需要这样的精确度。当你使用智能手机查询自己在地球上的位置或者选择路线时，你需要连接到卫星网络〔通常是全球定位系统（GPS）〕。这些卫星网络利用GPS系统时间的精确性，可以将你的坐标定位在只有几米的误差范围内。

时间的精确性对所有需要具备良好同步性的系统来说同样至关重要，比如金融市场、航空、铁路运输、电子通信和无线电脉冲定位……现代社会是一个具有同时性的社会，精确的时间已经变成这个社会的基本要求，而其中永恒的主题就是"实时"的知识和信息。

## 01:00

## 天文学家的发明

"现在几点了？"

"0点。"

你是否听到过类似的回答？很少，或者说从来没有，更多的人会回答"半夜"。然而，这的确应该是"0点"，因为这一瞬间同时属于两天，既是结束又是开始——换句话讲，0点就是24点。其他时间都没有如此特殊的情况。

0点在这里表示起源，一个开始或一个参照点。通常零的名声并不好，因为和它有关的词都表示"空的""无价值"和"一无所有"。有时它也可以用于口号标语，比如"零容忍"；用作辱骂的词语，比如"零蛋""一窍不通"；用来表示标记点，如"零基准点"。零既可以是参照标准，也可以表示特定的真空模式。它应该是人类历史上最重要的发现之一。如果没有零，我们今天的生活将是什么样子呢？

　　零是一个很难描述和分析的概念，在强调理性的西方文化中，零的概念经历了近一千年才逐渐建立并被大众接受。这可能是因为一位古希腊思想家曾经得出过"真空并不存在"的结论才导致的。在基督诞生的几个世纪后，印度文明中出现了零，然后又有了负数的概念。玛雅人也是在近乎相同的时期发现了零。这一概念直到公元 12 世纪才由阿拉伯人引入西方，他们也是在印度人之后才知道零的存在。印度人将它命名为 sunya，表示"空"的意思，阿拉伯人把它叫作 sifr，也代表相同的意思，而在意大利语中，这个词由拉丁语 *zephirum* 演变为 zero。

　　如果说零的概念很晚才在中世纪的西方文明出现，这就意味着纪年法中并没有 0 年的说法，但 0 时却是存在的。公元 532 年，一位修道士狄奥尼修斯·伊希格斯提出了公元纪年法。按照狄奥尼修斯的观点，公元纪年从公元 1 年开始，即耶稣诞生的那一年，耶稣的出生日期是 12 月 25 日。然而，历法学家在此之后又将公元纪年的起始点推后至次年的 1 月 1 日，这样就使得耶稣诞生日变成了公元 1 年之前的 12 月 25 日！

　　两个世纪之后，另一位盎格鲁－撒克逊修道士——贝德（Bède），于公元 672 年左右生于诺森伯兰郡。在公元731 年，他将狄奥尼修斯的纪年法扩充至公元 1 年之前的年代。当时的人们已经意识到人类历史并不是随着耶稣诞生才开始，而是在此之前已经发生过一些重要的事件。当时的贝德并没有零的概念，因此制定了公元 1 年前和公元1 年后的规则。狄奥尼修斯建立的提议后来被教会采纳，公元纪年法从公元 8 世纪起逐渐普及，最早出现在公元1000 年的官方文件中。

历史学家们使用公元纪年法来记录历史事件的时间。这一方法对大部分人来说都很方便，除了天文学家。比如我们试着计算，公元 5 年和公元 15 年之间有几年，这并不复杂——答案是 10 年。现在再来计算一下，公元前 5年和公元 5 年之间有几年？不要不好意思，如果你想这么做也可以掰着手指数一数——答案是 9 年（5＋5－1）！

还有一个问题是闰年。我们知道闰年就是可以被 4整除的年——这稍微有些复杂，不过还是可以得出答案的——显然，公元 4 年就是闰年，但公元前 4 年呢？对于《1000 欧元大奖赛》[1]来说这是一个好问题。面对这些

1 原名为 Le Jeu des 1000 euros，是一档风靡法国乃至全世界的有奖知识问答广播节目，正确答对所有题目的选手可以获得 1000 欧元奖金。——译者注

难题，1740 年天文学家雅克·卡西尼（Jacques Cassini）制定了另一套由符号"＋"和"－"构成的系统，并首次使用了大名鼎鼎的"0 年"。公元前 1 年变成了 0 年，公元前 2 年变成了 –1 年，以此类推。在这一系统中，0 年是闰年，–4 年也是如此。也就是说，公元前 5 年才是闰年，而公元前 4 年却不是。

## 02 : 00

## 月食

你是否从未想过，月亮在我们的历史中扮演过重要的角色？

比如欧洲人在征服新大陆时已经学会利用我们的卫星——月球。1504 年 2 月 29 日，克里斯托弗·哥伦布和他的手下们就曾被当天的月食救下一命。

1504 年 2 月底，克里斯托弗·哥伦布在牙买加岛上已经受困了几个月（他的船只在岸边搁浅了），船队的成员们只能靠岛上居民主动援助的食物为生。后来，居民不愿再为搁浅的船队成员提供食物，哥伦布把即将出现的血月[1]谎称为神灵的愤怒，以此威胁当地居民继续向他们提供补给。

----

1 也叫红月亮，一般只有在月全食的时候发生，是一种天文现象。——译者注

这种特殊的月食现象原本就将在几天后发生，哥伦布早已在随船携带的天文表上了解到这一信息。因此，就在他提到的那一天，月亮千真万确变成了明亮的红色，这让岛上的土著居民惶恐不已，并使他们相信绝对不能激起欧洲神灵的愤怒。2 月 29 日 2 时 24 分，月食发生了，美洲人的命运发生了天大的变化。如果没有这次月食，当今世界的面貌可能截然不同……

另一次历史性的月食发生在 2018 年 7 月 27 日——这次月食全长 1 小时 43 分，在整个过程中，月球开始呈圆形，安静地躲在地球的本影[1]里，仿佛它也希望在这炎炎酷暑中躲避太阳，这样的月食叫作"月全食"，整个月球表面都未受到太阳的照射。此时正是彻头彻尾的黑夜，地球完全挡住了太阳照向月球的光芒。

试想一下，我们能否在地球的任意一点经历 2 个小时日全食？这显然是不可能的，因为月球几乎只有地球的 1/4 大小，也正因如此，地球上的日全食最长只能持续 7 分钟多一点。

与日食一样，月全食也是引人注目的天文现象之一，

----

1 本影：物理名词，指天体的光在传播过程中被另一天体所遮挡，在其后方形成的光线完全不能照到的圆锥形内区。——译者注

这些天文现象易于观测，无须借助复杂的设备，只需裸眼就可以观察得到。在天文学中，一些伟大的发现都是通过阴影观测到的，尤其是地球投射在月球上的本影。

2000多年前有一位希腊的天文学家阿利斯塔克（Aristarque），首次通过观察月全食成功测量了地球到月球的距离以及月球相对于地球的大小。这种方法既精巧又简单，十分值得称赞。

已知月球每小时在天空移动的距离近似于自身直径，因此只要测量月全食发生的时候，月球通过地球本影所用的时间，随之可计算出地球本影长度，该长度近似于地球直径。只要比较月球和地球的直径，就可以得到月球相对于地球的大小。

直到今天，月全食仍然令人着迷，普通人比科学家们对这一现象更为敏感。月全食的魅力无疑在于当月球完全沉浸在地球投射的阴影里时，它会呈现出砖红色。此时的月亮覆盖着一层令人瞩目的红色面纱，以至于这些充满阴影的月亮现在被称为"血月"，引得吸血鬼和狼人心驰神往。

相反，我们也可以把月全食想得不那么血腥，而是把月球看作一个胆小又羞涩的星体——每当吸引了地球上将近一半的关注时，月亮就会把自己藏在地球的影子里，面色绯红。当然了，这种想法只是一个小小的建议……

然而，最近几年渐渐兴起了另外一个名字——红月亮。不过红月亮完全是另一回事，它所说的是四月和五月夜间的月亮。此时如果大气的温度很低，将会出现霜冻的天气，植物会因此而变红。霜冻只发生在晴朗无云的天气，此时的月亮在天空清晰可见，所以人们会无端将晚霜的罪名加在月亮的身上。为什么不能简单地根据颜色把月全食的月亮称为"红月亮"呢？

在月全食期间，月球不再受到太阳光线的照射，或者说只能接收到来自太阳的很小一部分的光，否则我们在天空中就完全看不到它了，只能在原先月亮所在的位置发现一片没有星星的漆黑空洞。这怎么可能呢？还好有地球的大气层，它像过滤器一样，只允许红色的光透过，然后又像放大镜一样使光线的路径发生偏转，这样太阳光就可以照射到阴影内部，地球本影所投射的区域就不再是一个没有光线的地方了。

太阳在地平线升起落下时会呈现红色，这是我们在闲暇时光非常喜欢欣赏的景象。当月亮躲开太阳并藏在地球的本影里时，红色的光线会使它镀上一层铜色的光芒。然而，月全食有时候看起来很糟糕，它会呈现出阴沉黯淡的样子，远远不是我们熟知的那种猩红色。

　　1992年12月9日的月食尤其令人印象深刻，当时的月食几乎无法看到，因为1991年皮纳图博火山爆发，大量的二氧化硫飘浮在大气层上空。与大气中所有的悬浮颗粒（比如陨石的粉尘、有机物的碎屑、火山灰、森林火灾颗粒等）一样，这些十分细小的颗粒吸收了太阳的光线，导致月亮无法在地球本影的作用下呈现出红色。

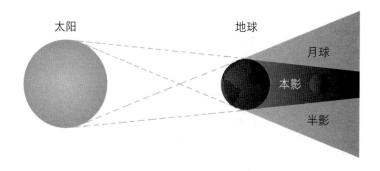

　　我们重新回到发生月全食需要满足哪些条件的问题。此时的太阳、地球和月亮的位置需要在一条直线上，而且月相必须为满月，同时地球需要完美地位于太阳和月亮之间。人们期待在每次满月时都可以看到月食，然而情况并非如此，因为月球的轨道不在黄道面，即地球和太阳共同所在的平面。当每个满月来临时，月球有时位于这一完美直线的上方，有时则位于下方。

然而，月球、地球和太阳每年有两次位于同一直线，人们将这段时间称作"食季"。这种现象每 173.31 天出现一次，也就是将近 6 个月的时间，这也解释了为何每次日食或月食在日历上出现的时间会比上一次提前 10 天左右。月球、地球和太阳在同一直线上的位置决定了食相的质量。如果三者完美地位于同一条直线上，就会出现全食，此时月球会穿过地球本影的中心；如果不在同一条直线上，那么则只会出现偏食。

与日全食相比，月全食的独特性在于它的持续时间。它的时长无与伦比，这样使得人们可以更加享受这一观测活动。一次完整的月全食最长可以达到 1 小时 47 分钟，而这必须同时满足几个非常有利的条件。

第一个条件是中心性，月球必须尽可能通过地球本影的中心。第二个条件是月球在运行轨道上的位置，月球轨道和地球轨道相同，都是椭圆形。当月球位于轨道上距地球最远的点，即远地点时，它的形状较小（我们有时会把它叫作"最小满月"），运动的速度也较慢。这两个因素使得月球经过地球本影的时间有所增加。

最后，第三个条件与地球和它在运行轨道上的位置有关。当地球离太阳最远时（我们将这一位置称作远日点），此时本影锥的面积达到最大，月球在影锥内部经过的距离也更长。因此月全食基本发生在 7 月 4 日左右，此时地球离太阳最远，月球同时也正处在远地点，月全食的持续时间也最长。

直到目前，最长的月全食发生在 1859 年 8 月 13 日，全程 1 小时 46 分 27 秒，而这一纪录要等到 4743 年 8 月 19 日才会被打破，那时的月全食时长将为 1 小时 46 分 35 秒。然而月全食的时间也可能会格外短，有时只有几分钟左右。这与月球穿过本影时所处的位置有关，月球在穿过地球本影时会尽可能地靠近其边缘。2015 年 4 月 4 日的全食阶段只持续了 5 分钟，这是目前的最短纪录，而 2155 年 9 月 10 日的全食阶段将只持续 3 分钟！

## 03：00

## 黑夜是如何产生的？

除了树叶变黄以及天气突然转凉之外，"凌晨3点起，时间将回拨至2点……"这句话也是秋天到来的征兆之一。实际上每年10月的最后一个星期日，我们的时间都要在凌晨3点正式切换至冬令时[1]，不过大部分人都是到了白天才会把手表时间拨慢1小时（如果弄丢了微波炉说明书，情况可就太糟了，那就永远没办法把上面的时钟调到正确的时间了）。当然，人们之所以决定在如此奇怪的时刻切换时间，是因为此时切换夏令时和冬令时所带来的影响最小。显然，一片漆黑的时候是不会有什么真正重要的事发生的。不过在现实中，为什么黑夜是黑色的呢？

这个问题第一眼看上去十分荒谬，就像在问为什么雪

---

1 在欧洲和北美的大部分国家，人们通过冬令时和夏令时来解决高纬度地区日照时间随季节转换产生的问题。——译者注

是冰凉的，火是烫人的，或者光会照亮一切。然而从科学的角度来讲，看上去最普通的问题往往蕴含着最深刻的道理。你需要养成这样的习惯：抛开显而易见的事实和不假思索脱口而出的答案。人们获得的知识往往来自习惯和传统，在这样的约束下，我们会习惯于捏造真理或得出伪真理，而这些道理经过思考后其实并没有什么科学之处。

现在回到这个问题，让我们换一种方式来思考：为什么白天的天空是亮的？其实你已经在不知不觉中上升到了更复杂的程度。没错，你已经完全踏入了科学的领域，由一个问题引出另一个问题是非常有趣的事情。面对第二个问题，你可能会再次想到"因为白天的天空有太阳"这个更简单的回答，可是这样的答案真的足够了吗？

让我们打开视野把目光转向月球，或者重新回顾20世纪70年代的探月照片：太阳高挂在天空之中，可是天空却一片漆黑。那么照片里究竟是白天还是黑夜呢？如果我们用天空是否为黑色来区分二者，那么此时就是黑夜，但如果用天空中是否有太阳来判断，那么此时就是白天。显然第二种观点是正确的：不管你在地球、月球还是哪里，有太阳的时候就是白天。

在白天，我们看到的天空散发出了光线和颜色，那是因为大气层将吸收的太阳光发散出去了，也就是我们所说的散射作用。月球上并没有大气层，因此也没有散射现象，月球的天空始终是一片漆黑，其实月球上根本没有天空，因为月球没有大气层。白天和黑夜一样，太阳只是茫茫夜空中的群星之一，尽管它比其他恒星更亮一些。因此，我们认为天空在夜晚变成黑色的原因并非是没有太阳。所以这个问题就不再是讨论为什么天空在夜晚是黑色的，而是思考为什么行星、恒星或者其他星体上的空间在夜晚是黑色的。

显然，宇宙是黑色的，准确来说，浩瀚繁星之间有很大一部分空间空空如也，尤其没有光线。换句话说，宇宙中没有足够的恒星来照亮整个空间，只有恒星才能靠自身发光。以前人们把宇宙看作一个大水晶球，地球位于中心位置，其他行星和太阳围绕地球运转。至于恒星，它们被固定在这个球上缓慢地自转，每天旋转一圈，球的外面空无一物。这一观点一直沿用至 17 世纪初。

这种简单的概念起源于古希腊，直到 1609 年天文望远镜问世时，事情开始变得复杂起来。在过去，人们无法用肉眼在夜空中观测到任何星体，然而用望远镜向天空的某个角落看去时，总会发现新星。望远镜的倍数越大，探测到的区域就越小，更多的星星也随之出现在人们的视野中，仿佛无穷无尽。

现在我们来看看银河，它像一条牛奶般的带子穿过天空。我们所在的星系正是银河系，地球位于银河系的旋臂[1]位置。由于地球本身是银河系的一部分，所以我们无法看到全部的银河系。现在我们将天文望远镜对准银河，你会看到无数的星星，比天空中其他位置的星星都要多。这些星星数量之多以至于无法用肉眼将它们一一区分；所有星星的微弱光亮都聚集在一起，形成了银河。想象一下，这些繁星紧密相接，从四周将我们围住，就是银河呈现出的样子。换句话讲，因为恒星之间相隔很近，这片原本散发些许白色光亮的区域会显得非常明亮。然而天空却是一片漆黑，令人无望。

在 17 世纪初天文望远镜尚未问世的时候，这个问题并没有引起关注，而且在当时人们认为宇宙是封闭的，恒星的数量也有限。到了 18 世纪，这个问题才真正出现。在此期间，牛顿曾用万有引力的理论提到这一问题，他告诉我们宇宙中的所有物体都会对其他物体产生吸引力。"宇

---

1 旋臂：旋涡星系和棒旋星系中的螺线形带状结构，主要由年轻亮星和星际介质构成。——译者注

宙是封闭的"这一观点就没法站得住脚了，因为如果空间有限，那么宇宙就会因为万有引力而坍缩。按照牛顿的观点，宇宙应该是无穷大的。

从 1743 年天文学家让－菲利普·洛伊斯·德·谢索首次提出"黑夜悖论"开始，新宇宙学说带来的影响就已经显现出来。空间无限大的宇宙里有无限数量的恒星，这一观点似乎已经通过天文观测得到了证实：不论我们的目光转向哪里，总会看到某颗恒星。这就像在一片茂密的森林里散步，只要看得足够远，你总会发现那里有一棵树。宇宙就像布满星星的森林，所以总有可以找到光线的地方。

"因为恒星数量有限，所以天空是黑色的。"如果之前的说法被推翻，那么另一种可能的解释则是由于恒星离地球太远，它们发出的光芒十分微弱，所以无法照亮天空。让我们用太阳举个例子。如果太阳和地球之间的距离是现在距离的 2 倍，它的光照能量会变为现在的 1/4（因为光线照射的范围会扩大为原来的 4 倍），但同时太阳在天空的视面积也会缩减为现在的 1/4（如果地日距离变为现在的 2 倍，那么视直径将变为原来的 1/2，视面积由此变为原来的 1/4）。

最终，比较太阳的光照能量和视面积之间的关系，我们会发现二者是一致的，没有任何变化。这表明单位面积接收的光照能量也是不变的。我们可以按照这个方法一直推算下去，太阳光照的总能量越来越小，但是单位面积接收的光能保持不变，因为太阳的视面积始终和视距离保持同样的缩减比例。

假设所有恒星和太阳一样，无论离地球是近还是远，它们在单位面积上投射的光照能量都是相同的；那么，天空的每一寸位置都会接收到和太阳相同的光亮。如果你喜欢计算的话就会发现，此时的天空比太阳还要亮 18 万倍！天空不仅不会变黑，还会变得十分明亮，人们将感到如同生活在火炉里一般，地球在几年之内将被蒸发得一干二净。

自 20 世纪中叶开始，这个有关黑夜的谜题被正式称作"奥尔贝斯悖论"。威廉·奥尔贝斯（Wihelm Olbers）在 1823 年提出了这个问题。不论奥尔贝斯是否接受，让 - 菲利普还是早于他 80 年就提出了这一观点。我们现在来概括 19 世纪初奥尔贝斯悖论的内容：宇宙的空间和恒星的数量都是无限的，因此天空本应该非常明亮且灼热；幸好事实并非如此，黑夜自古以来就是客观存在的。

每个悖论都必然需要一个解释。它的产生是因为一些现象与人类常识相违背，它的存在则证明我们对世界的认知是错误或有限的，说明我们还未意识到或无法全面地理解一个问题。悖论终究会有一个解释，也终究会消失。

让我们重新回到刚才的问题并试着解决它。一个简单的解决方案是减弱甚至完全消除那些来自遥远的恒星所发出的光线。恒星发出的光能会随着距离增加而以远超我们想象的速度减小，因此到达地球的光能接近于 0。这正是让 – 菲利普和之后的奥尔贝斯采用的方法。作为坚定的笛卡儿主义者，他们认为真空是不存在的。对他们来说，宇宙里充满物质，也就是以太，行星和其他星体密布其中。据说这种物质具有吸收性，它可以使宇宙呈现出雾一般的半透明状态。此外，由于离地球的距离非常遥远，这些物质足以将光线全部吸收。

问题解决了吗？你大概已经猜到了，完全没有。到了 19 世纪，随着科学的进步，人们认识到热能和光能只是两种不同的能量形式。这两种能量彼此间可以相互转化，但能量始终守恒，它被保留在一种或另一种形式中。具体而言，这说明什么呢？如果光线被某一空间吸收，那么此处的温度将会上升（光能转化为热能）并且发出光线（热能转化为光能）。综上所述，吸收光线的地方温度会上升，然后重新发出光线，周而复始。

　　那么怎样从这个循环中跳出来呢? 谜题还是没有解决。现在让我们回到光线本身。位置遥远和邻近地球的恒星所发出的光线可能无法同时到达地球,前者需要的时间更长,甚至远远晚于后者,需要数百万年的时间。这样一来,问题大概就能解决了,因为不是整片天空都能同时被一种光源照亮——也就是说,光是有速度的。这不太奇怪,对吧? 而且光速是宇宙间最快的速度,接近于30万千米/秒。自从20世纪这一理论被作为现代物理学的基本定理之一,我们已经渐渐接受了这个观点。

　　为什么宇宙有最快速度? 为什么是30万千米/秒? 为什么这一纪录的保持者是光速而不是声速? 这又是一些不同寻常的问题,而且我们很难回答。今日的真理并非昨日的真理,也未必适用于明日,以往真理的教条也因此而被打破。

　　此外,光的速度之快远远超出认知。在夜晚的户外,我们可以随时拥抱天空,并且同时看到位于40万千米之外的月球和几万亿千米之外闪闪发光的恒星。我们通过肉眼看到月光只需要1秒多一点,然而最遥远的行星(同样用肉眼观察)所发出的光传到地球则需要几千年的时间。因此,仰望星光也是让时光倒流的一种办法。

重新回到黑夜的谜题，"光的速度有限"这一回答远远不够。实际上，如果不是恒星的寿命有限，它们发出的光早晚会到达地球，而且随着时间推移，我们的天空将越来越亮，渐渐布满来自遥远恒星的光亮。然而事实却是恒星也有生死，它们的生命并不是永恒的。

比如说太阳属于恒星，它的寿命是 100 亿年。质量比太阳更大的恒星也更亮，它的寿命只有几百万年，相比太阳要短得多，这样的恒星终将有一天会消失在宇宙中。在我写下这几行字的时间里就有恒星诞生，它们的光线在几千年或者几百万年后才会到达地球，具体的时间取决于和地球之间的距离。宇宙并非亘古不变或恒久永生，恒星也无法永存于苍穹。

恒星发出光线的时间不同，有些恒星甚至已经熄灭不再发光，这两方面的解释都是正确的。这种观点在 1848 年被首次提出，当时人们尚未认识恒星发光的深层机制。最令人惊讶的是，提出这个观点的人并非科学家，而是作为诗人的埃德加·爱伦·坡！不过爱伦·坡的答案也有局限性，前提必须是寿命最长的恒星离地球最远，这样一来，它们与距离地球最近的恒星所发出的光线才会同时到达地球。这将产生一个很特殊也基本不可能存在的宇宙，这时的地球处在尤为特殊的位置，宇宙间的一切井井有条，我们将处在永恒的光亮中。这样的光亮也将遮住我们的眼睛，使我们无法发现今天所在的真实宇宙。

　　然而，黑夜的难题并没有因为20世纪的宇宙革命得到解决。1917年，也就是一个多世纪前，人们仍然认为宇宙并非像一座群岛，而是以孤岛的形式存在，而且宇宙中只有一个星系，也就是我们所在的星系。彼时的人们在望远镜中的一切所见都属于这个星系，也就是银河系。他们认为遥远的宇宙处于真空状态，没有任何物质。在某种程度上，这也解决了黑夜的问题。因为在这样的宇宙里，恒星的数量是有限的。与17世纪"宇宙是一个大水晶球"的理论相比，人们在这三个世纪中，关于宇宙形态研究上取得的进展终究还是微乎其微。

　　在接下来的一个世纪里，科学研究突飞猛进。这是一个令人感到不可思议、具有革命意义的世纪。一个个足以撼动科学界的理论在这些人的指间诞生：爱因斯坦、弗里德曼、勒梅特、哈勃。这些人都是数学家或天文学家。一门新的宇宙学即将诞生——相对论宇宙学，它建立在爱因斯坦的广义相对论基础之上。1927年，比利时理论家乔治·勒梅特神父提出了"宇宙大爆炸"理论的早期观点。

遗憾的是他的作品发表在一份法语刊物上，完全不为英语国家所知。不过他的想法也并非被人置若罔闻。美国人埃德温·哈勃是一位纯粹的天文学家，1928 年他在荷兰的莱顿遇到勒梅特，1929 年便宣布了自己有关宇宙大爆炸的新发现……通过观察远离地球的星系，他指出星系距离地球越远，将会以越快的速度远离地球。在很长的一段时间里，哈勃都被认为是宇宙大爆炸理论之父，但历史的真相最终还是被一点点揭开。今天，比利时神父终于得到了属于他自己的公正。

所以宇宙由大爆炸产生，这也同样说明宇宙是有起源的。虽然它的存在已经有 137 亿年，但也并非永恒。从大爆炸开始，宇宙的体积就在不断增大，温度也同时下降。我们可以通过宇宙的年龄推算出它的大小。宇宙的尺度非常之大，以至于我们无法用普通的公制单位来衡量它，而是用另一种单位——光年，也就是光在一年内通过的距离，即接近 10 万亿千米。因此我们能观测到的宇宙范围大概在 137 亿光年。实际上由于宇宙的爆炸，它的实际体积要更大。作为本体，宇宙自身在不断扩大。我们能看到宇宙中最远的发光物质，也不过是 137 亿年前发出的光亮，此时才刚刚到达地球。通过这样一个简单的光速距离计算就可以知道，宇宙的空间更大。实际上，宇宙能够观测到的范围有 465 亿光年。然而我们并不知道这一范围是否等于整个宇宙的大小，也不知道宇宙是否是一个无限大的空间。

由于天体是在一个自身膨胀的空间中远离地球，因此我们会感觉这些天体远离地球的速度比光速还快，所以它们的光永远无法到达地球。这就像机场的传送带一样：如果在相反的方向上行走，你必须花更大的力气，甚至需要跑起来才能追赶上传送带的速度到达起点。宇宙爆炸的作用就像传送带起到的作用，它能把我们带到远方。因此，无论宇宙是否有限，爆炸必然使一部分物体从我们可见的视野中消失，从而使夜晚的天空更加黑暗。

解释到这里，你一定以为，天空在深夜时分是黑色的。然而，我们的天空乃至宇宙并不是黑色的，它们充满了从宇宙诞生之初传来的光。光的辐射无处不在，只不过我们的眼睛不够敏感，看不到它们罢了。这一点早先已经由宇宙大爆炸的理论学家预言过，最终由拜耳实验室的两位工程师阿尔诺·彭齐亚斯（Arno Penzias）和罗伯特·威尔森（Robert Wilson）于 1965 年无意间发现。

在宇宙诞生之初的 38 万年里，光的辐射始终和物质互相作用，一切平静；随着宇宙的膨胀，温度降低，产生了光线，这是由于热能转化为光能而释放出来的。这种光的温度非常高，相当于一个电灯泡的内部温度（接近3000 ℃，你可以试着把一个点亮的电灯泡放在手里，这样就能明白"光的温度很高"是什么意思）。大爆炸产生的光线非常强烈，充满整个宇宙。从那个遥远的时候开始，宇宙就已经变得比最初增大了成千上万倍，而现在宇宙的温度却比当时低，只有 -270 ℃！光确确实实存在于我们身边，只不过我们通过肉眼无法看到罢了。

在这趟小小的黑夜之旅快要结束之时，我们现在已经清楚了宇宙有多大，宇宙中有什么，以及宇宙是如何诞生的。黑夜告诉我们凡事皆有尽头，绝对的永恒并不存在。黑夜并没有夺走光明和消失在夜空的星星，光仍然存在于四面八方，只不过它的温度很低，我们无法通过肉眼看到而已。晚安，做个好梦！

## 04:00

## 凡·高了解星星吗?

深夜,文森特·凡·高还没有入睡,他更喜欢在此时画画,也许这就是他的画与众不同的原因之一。在凡·高笔下,昏暗变成了光亮,色彩取代了阴影。欣赏他的《星夜》对于天文学家来说是一件乐事,因为这让他们想起这位画家对天文学的热爱,也使他们感受到这幅画表现出了观测星星时内心的欣喜之情。

感谢让-皮埃尔·卢米涅,正是因为他的研究,如今我们才能知道凡·高是在 1889 年 5 月 25 日早上 4 点 40 分于普罗旺斯地区的圣雷米创作了这幅代表作。画中的月亮和金星环绕着柏树,我们可以凭借外形辨认出它们。《傍晚初升的月亮》也是凡·高同时期的作品,这幅画的具体创作日期是由天文学家唐纳德·奥尔森发现的。要确定具体日期,首先需要找到凡·高在哪里可以看到画中景色的位置，尤其是这幅画中可以看到的悬崖。找到正确的位置后，就需要计算画面中满月位于此处的日期和时刻了：这可以让我们甄别出时间是 1889 年的 5 月 16 日还是 7 月 13 日。画中的小麦已经收割了，所以唯一可能的日期就是 7 月 13 日。你看，天文学也可以用来研究艺术史……

当我们在欣赏凡·高的这幅画作时，便会联想到那时繁星密布的夜空，然而如今，这些星星似乎在天空中消失了，它们去了哪里？其实星星还在原处，只是城市的灯光让人无法看到它们。对手机的依赖也使我们低下脑袋，把目光聚焦在了刺眼的屏幕上。然而，那些仍然要仰望天空的人却需要更加努力，尽可能地远离城镇市区。

早在近 3000 年前，人们就已经在星空下思考宇宙的本质。那时想要知道恒星距离我们有多远是一件不可能的事，有人认为最亮的恒星就是离地球最近的——这是一个很简单的常识问题，然而在天文学中，常识并不一定正确。当时的人们认为这些恒星到地球的距离都是相等且任意的，它们被"钉"在一个很小的球体上，地球则位于中心，小球的半径刚好大于地球到土星的距离。人们认为这个小球就包含了整个宇宙。

无视恒星对我们的影响，等于剥夺了我们在宇宙中的某种直接体验。在没有恒星的夜空之下，除了空虚和孤独，还能感受到什么呢？

在大城市里，我们还是有机会看到几颗恒星的，它们彼此相隔甚远，亮度也各不相同。然而在理想的昏暗环境中，可以通过肉眼观察到的恒星有多少呢？这完全取决于我们视力的敏感度：对于人类平均水平而言，可以看到4000颗左右，但视力特别好的人能看到的恒星多达13 000颗。每个夜晚，天上都会有成千上万颗恒星，只不过它们都被现代世界的灯光掩盖了而已。

但是当我们用肉眼观察整片星空时，我们能看到的宇宙深处有多远呢？其实并没有多远。如果参考光在一年内通过的距离——我们也称之为光年，那么能够看到的距离大约为10万亿千米，这些恒星中距我们最远的有几百光年，少数甚至有几千光年。其中有1/3距离地球不到250光年，它们的大小和银河系相比就像一个小小的气泡，因为银河系的直径就有10万光年。

所以我们可以据此计算出银河系有多少恒星，这个数字估算为2000亿颗。用数沙子的方法来计算恒星的数量再合适不过了。通常一粒沙子的直径是0.2毫米，2000亿粒沙子的体积大约为1立方米。如果把每颗恒星比作一粒沙子大小，那么银河系中的所有恒星也可以被装进一个边长 1 米的立方体中。

如果把亮度作为判断恒星距离远近的标准，那可就错了，在历史上，天文学也曾误入歧途。我们用蜡烛举个例子。如果把蜡烛放在 1 米外的地方，此时接收到的光照为 1 勒克斯[1]，这种光不足以让我们阅读，要达到毫不费力可以看书的程度至少需要 150 勒克斯的光线。满月的光照强度为 0.1 勒克斯，比蜡烛的光亮还要微弱 10 倍。天狼星是夜空中最亮的恒星，它的亮度和位于 140 米外一根蜡烛发出的光亮是一样的。最后我想说的是，人类最远可以看到 11 千米外蜡烛发出的光。

如果所有恒星都是相同的，比如都和太阳一样，那么只需要测量它们的亮度就可以知道恒星和地球之间的距离。实际上事实并非如此，因为恒星的亮度还有其他影响因素，特别是它们的大小与温度；直径越大或温度越高，恒星的亮度就更大。一颗非常明亮的恒星并不能完全说明它比旁边看起来更暗的恒星距离地球更近，因为这颗更暗的恒星有可能更小，也有可能的确距地球更远，还有可能

---

1 用来表示光照强度的单位，指单位面积上接受可见光的光通量。——译者注

温度更低。

恒星到地球的距离具有不确定性。17 世纪初期有两位天文学家在这一问题上产生了分歧，他们就是伽利略和开普勒。开普勒主张二者之间距离有限，伽利略则相反。这看上去只是天文学发展过程中一件不值一提的小事，但这一问题的答案足以反映两人的宇宙观。开普勒认为宇宙是一个封闭的空间，伽利略则提出宇宙是无限的。在当时，开普勒代表着主流观点，人们认为那些遥远的恒星被固定在一个巨大的球体表面上，而这个球体中就包含着人类已知的整个宇宙。

以天鹅座的主星座天津四为例，它和天琴座的织女星以及天鹰座的牛郎星共同在天空中构成"夏季大三角"。天津四是人类通过裸眼可以看到的最远的恒星，它到地球的距离大约有 1600 光年，相比之下，牛郎星稍亮一些，但它和地球只相隔 17 光年。我们之所以能看到天津四，是因为它的体积比太阳还要大 16 万倍，亮度高 200 倍。换句话说，如果天津四位于太阳所在的地方，它的大小足以进入地球的轨道。所以，恒星的光亮不仅取决于距离，还与它本身的大小和亮度有关。

不过我们还是可以通过裸眼看到宇宙更远的地方，只不过这时观测到的不是恒星，而是光线散射下的其他天体。你只需要知道观测哪里，然后享受这样昏暗的环境就可以了。你可以在这些物质中发现球状星团，这是几千颗恒星在一个相对狭小的空间中紧密分布而组成的，这个空间的直径只有几百光年。

武仙座星团是最漂亮的星团之一，它位于地球 22 000 光年之外的地方，在离织女星不远的地方就可以看得到。然而，裸眼可见的最远天体还要数三角座星系和仙女座星系，它们分别位于距离地球 300 万光年和 250 万光年的地方，二者彼此相邻。虽然它们的形状看上去只像一块非常分散的乳白色斑点，但这已经是仅有的两个可以通过裸眼观测的河外天体。

人类对仙女座星系的第一次观测可以追溯到公元 964 年。波斯天文学家阿卜杜勒－拉赫曼·苏菲曾经把它描述为"一小片云朵"。直到 1923 年，不到一个世纪时，它才被单独划分为星系。在此之前，人们所说的宇宙都只是银河系。不过还有一个更好的消息，就在 2008 年 3 月，距离我们只有 75 亿光年的地方发生了一次巨大的恒星爆炸！这次爆炸被命名为 GRB 080319B，它的光回波到达地球所用的时间表明，这场爆炸发生时，宇宙的大小只有现在的一半。听起来真让人头晕眼花！

银河系之外还有其他的星系。据估计，目前宇宙中的星系数量超过 2000 亿个。假设这些星系平均的恒星数量与银河系一样，那么整个宇宙可能有 $10^{23}$ 颗恒星，我们把它读作"10 的 23 次方"，或者 1 后面有 23 个 0，也就是 100 000 000 000 000 000 000 000。再回到刚才我们谈到装满沙子的立方体，如果每粒沙子代表一颗恒星，那么现在宇宙中恒星的数量就和地球上的沙子一样多！这足够我们在沙滩上花时间思考一番了。

尽管如此，在将来或者很久很久之后的将来，天空中能看到的恒星数量就像几粒沙子一样少。永恒是不存在的，这样遥远的将来距离我们还有 10 万亿年！宇宙的年龄也只有 137 亿年，这个时间比宇宙的年龄长得多。那么，我们看到的和看不到的恒星将来要去哪里呢？总有一天它们都会消失。

恒星的寿命并不是无限的。它的"诞生"从星系中飘浮的气体云和尘埃云开始，这些气体尘埃会以球状形式凝结，到了某一时间达到足够的密度和温度就会从内部触发热核反应，尤其会产生光能。恒星就是这样诞生的。

此后，恒星就会在几百万年甚至几十亿年间处于相对"安静"的状态，这取决于它诞生时物质的数量。总有一天恒星的"燃料"会消耗殆尽，随之进入寿终正寝的阶段。它的消亡多少会带有一些戏剧性的色彩：也许会是一场巨大的热核爆炸，它向宇宙抛出自己的一生，特别是临终之时产生的全部物质；也许会变成其他性质的天体，比如中子星或者是大名鼎鼎的黑洞。恒星是一座真正由重元素构建的工厂。

的确，一颗恒星会抛出很重或者非常重的物质，也就是所谓的"重元素"。我们需要知道，氢是宇宙中最简单、最轻也是最丰富的物质，重元素比氢更重也更复杂。它们被重新抛回宇宙后又会产生新的恒星，如此往复。然而随着时间推移，这个过程会越来越慢，因为可供使用的物质会越来越少。如今恒星诞生的数量已经比过去少了很多。

在最后一颗恒星熄灭之前，夜空中的许多其他物质也将消失。我们所在的宇宙还在继续膨胀，而且速度越来越快。宇宙本身在不断变大，这意味着宇宙中的物质——甚至可以说宇宙中的一切，每天都在以越来越快的速度离我们远去。这些物质存在于宇宙之中并不断延伸，进而又创造出新的空间。宇宙永远需要更大的空间，它选择的不是给时间留出更多的时间，而是为空间创造出更大的空间。

　　不久的将来，这些环绕在地球四周并为我们所知的遥远星体，尤其是星系，它们将以比光速更快的速度离我们远去。因此，总有一天它们的光无法到达地球，我们也无法再看到这些离地球最遥远的星系。

　　距离我们最近的星系有四十几个，它们受引力的作用聚集在 1000 万光年以外的地方，最终会融合为一个星系。这个演进过程位于仙女座星系和银河系之间，距离我们 250 万光年。这些星系将在 400 万～500 万年后融为一体，目前我们还没有观测到这一迹象。

　　"宇宙孤岛"的说法早在 1908 年就出现了，当时人们认为地球是宇宙中独一无二的存在。从那时起，人类就生活在这样的一个孤岛之上。天空仍然繁星密布，我们仅凭肉眼就可以看到这样的景象。然而当我们把望远镜对准天空深处时，看到的竟然是无尽的黑暗与空洞，除了银河系外别无他物。这时候，我们便会想起帕斯卡[1]充满忧虑的那句话："无尽宇宙中那永恒的沉寂使我恐惧。"

---

1 帕斯卡，1623—1662，法国数学家和物理学家。——译者注

# 05:00

## 月亮并非所想的那样圆

清晨 5 点是看不到满月的，尤其是超级月亮。

提起对地球生命有影响的天体，我们最常想到的就是月亮，尤其是满月。此时出生的人要比平时更多，园艺种植也需要参考农历，月圆之时犯罪率会比往常更高，我们的睡眠可能没有平时安稳。总而言之，满月对于我们人类而言并非无足轻重。比如说，我们会用"lunatique"[1] 这个词来形容一个人经常改变主意，也就是受到了月亮的影响。

然而事实并非如此，目前还没有任何科学研究表明月相和地球上的生命有联系。满月，特别是超级月亮唯一的特殊性在于，它具有非比寻常的天文学意义，这也正是我们感兴趣的地方。

---

1 法语 lunatique 一词有"反复无常""脾气古怪"之义，与法语的"月亮"lune 属于同一词源。——译者注

"超级月亮"一词在法国出现也是不久之前的事。和往常一样，时尚之风总是从大洋彼岸的美国吹来，那里的一切都带有戏剧性的色彩。只需带上"超级"二字，小小的蜡烛都会变成耀眼的火把，甚至让人相信极其荒谬的事情。不过别担心，"超级月亮"这个词是一位叫理查德·诺尔（Richard Nolle）的占星师在 1979 年创造出来的，那还是 40 多年前的事。啊，也许你们会对我说，现在的天文学都要依靠占星学这样的怪念头了，简直不可思议！超级月亮可能有破坏性的作用，当它出现的时候，暴风雨、地震还有火山喷发都接踵而来。这是为什么呢？因为潮汐的力量非常极端，这和电影里的超级英雄完全相反。

我们知道超级月亮每年至少会出现两次，而地球上自然灾害的次数却在明显增加——自 2000 年以来平均每年大约有 400 次，所以在超级月亮出现前后，很可能伴随着自然灾害。在超级月亮和随之出现的自然灾害之间，二者关系紧密到看似只隔着一小步的程度，不过即便是尼尔·阿姆斯特朗也不愿跨越这一小步。

那么这个 1979 年之后才出现的"超级月亮"到底是什么呢？

对于头脑清醒而且更脚踏实地的天文学家来说，"超级月亮"还有一种更常用的叫法，那就是"近地点满月[1]"。这种天文现象需要月亮同时或几乎同时满足两个条件，我们在此不做过多讨论：第一，月相为满月；第二，月亮位于运行轨道的近地点。

现在我们来看看这两个条件是如何构成的。

满月的概念众所周知。和字面意思一样，它表示月亮最圆的时候。不过满月的"满"指的是什么呢？我们好像并不清楚……月亮看上去就是圆的，只不过有时它会被阴影遮住一部分，看起来像是牛角面包的形状。我们能看到完整的月亮是因为它位于太阳对面，阳光照亮了月球的表面，我们站在地球上并位于这两个星体之间，这有点像是一位裁判站在两个拳击手之间。此时太阳、月亮和地球完美地位于一条直线上，如果三者在这条直线上的顺序有变，那么就会在月圆之时产生月食。

近地点则指月球在运行轨道上距离地球最近的点。月球的运行轨道是椭圆形（圆形只有一个圆心，而椭圆在圆心外还有两个焦点，这两个焦点对称分布在圆心之外），

---

1 "超级月亮"一词在最初发明时是指发生在近地点的满月与新月，随着时间的推移，现在泛指发生在近地点附近的满月，从天文学来讲，超级月亮实际上就是满月。——译者注

而地球会在某一时刻经过月球轨道的其中一个焦点。在地
月系统中，地球并非位于月球轨道的圆心，而是在两个焦
点的其中之一，也正因如此，地月距离始终在 356 500 千
米到 406 700 千米之间变化。超级月亮是指当地月距离小
于 356 800 千米时出现的月亮。这个距离不是固定的。超
级月亮出现时，会在连续的三个满月内，在空中以飞行中
队的姿势位移，当它位移到中间的位置时，是地月距离最
近的时候，我们也叫它"超 – 超级月亮"。

　　超级月亮很罕见吗？要回答这个问题，我们需要考虑
超级月亮特有的两段时间，一个是月亮从朔到下一次朔或
从望到下一次望所用的时间，另一个是从近地点出发再次
回到近地点的时间。第一个我们称之为朔望月，时间约为
29.53 天；第二个称之为近点月，时间为 27.55 天。现在
让我们来做个简单的乘法，以此比较 14 个朔望月和 15 个
近点月所用的天数：$14 \times 29.53 = 413.42$，$15 \times 27.55 =$
413.25——两个时间基本一致。这个结果可以得出什么结
论呢？从一个超级月亮到下一个超级月亮必须经历 14 个
朔望月，因为只有 14 个月之后月球才会回到近地点，这
个时间大约为 1 年零 48 天，也就是超级月亮的周期。

　　那么超级月亮是否比平时更亮呢？如前文所述，超

级月亮位于距地球最近的地方。月球距地球的平均距离为384 000 千米，此时的它看上去会让人感觉比平时稍微大一些。我们就此可能推断出，这个时候的月亮更近并且更大，所以超级月亮也一定更亮。这个推论十分草率，因为月球的运动轨迹并不简单。即使它的亮度的确需要参考地月距离，但这并非主要因素。要让满月的亮度达到最大，月亮、太阳和地球三者的位置必须完美地处于一条直线上。但实际情况并非如此，这意味着即使我们可以在地球上看到满月，它的位置也并非完全正对太阳。月球的表面总有一小部分无法受到太阳的光照，所以真正意义上的满月是永远看不到的，我们看见的只是在太阳光照射下的满月。理论上来看，"真正"的满月与太阳和地球呈直线分布，它会比没有完全呈直线分布的超级月亮更亮。

月亮必须是满月的时候才能到达近地点吗？答案是并不一定。我们已经知道，由于近点月周期平均为 27.55 天，与朔望月相差大约 2 天，所以在此之后大约 2 天，月相进入下一次循环。换句话说，月球每次经过近地点时，月相都不尽相同。因此，所有月相都会在近地点出现，包括我们看不到的超级新月，因为此时月球的运行方向和太阳相同，它已经完全被太阳的光芒吞没了，所以我们看不到它。

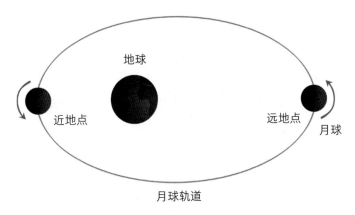

月球的轨道为椭圆形，地球位于椭圆的两个焦点之一，图中所示的两个点分别被称为近地点和远地点。

当近地点到地球的距离小于 356 545 千米，这一位置被称为"满月近地点"，月球运行到该位置时只会出现满月这一种月相，所以超级月亮有时也被称作"超级满月"。我们无法看到新月或其他任何月相，这是月球运动造成的，由于原因过于复杂，这里不做讨论。公元 796 年的 12 月 19 日出现过一次超级满月，当时的地月距离为 356 355 千米，最近的一次是 1912 年 1 月 4 日，月球距地球 356 375 千米。下一次超级满月出现的时间为 2052 年 12 月 6 日，那时我们的卫星——月球将会距地球 356 421 千米。

# 一周七天的名称从哪里来？

闹钟响了，已经 6 点了！安静的睡眠到此结束，此时你的脑海里闪现出一个问题，这将决定你一整天的心情：今天是星期几？如果是周一，那么你的情绪可能比临近周五要差一些……日历是人类必不可少的一项发明，它和天体以及天体运动有怎样的关系呢？

古罗马时代，一个星期有 8 天；在公元前 1 世纪之前的古代中国，一个星期有 10 天；埃及人同样如此，他们把一年划为 360 天，将黄道十二宫分为 36 个 10°，每个 10° 为 10 天。我们可能已经忽略或者忘记了——1792 年法国大革命时开始使用十进制，那时一个星期是 10 天，也称作"一旬"，到了 1806 年之后这种叫法才被废止。到了苏联时期，前几十年里人们把一周定义为 5 天，后来改成了 6 天。

　　然而，一周 7 天的惯例渐渐被全世界采用。星期纯粹是人类制定的时间单位，和天文周期完全无关，这与年月日并不相同，后者分别与太阳、月亮和地球自转的周期有关。从公元纪年伊始，不同文明中都有了星期的概念，它结合了犹太历和行星历，这两种历法的一周都是 7 天。

　　犹太历法的星期是古巴比伦文明的遗产。大约在 3000 年前，巴比伦人用 Sabattu 这个词表示满月。他们认为满月这一天代表月亮女神伊什塔尔，由于数字 7 的发音和 sabattu 非常相近，所以 7 的倍数就象征着厄运[1]，因此每个月的第 7 天、第 14 天、第 19 天、第 21 天和第 28 天都是受到诅咒的日子，尤其是第 19 天，因为这一天是上一个月的第 49 天（30 + 19 = 49，同样，7 × 7 = 49）。希伯来传统将古巴比伦文明中的 Sabattu 一词借用而来并演化为 Sabat 或 Shabbat。这个词仍然有"满月"的意思，正如《以赛亚书》中 66：23 句写道："耶和华说，每逢月朔、安息日，凡有血气的必来在我面前下拜。"久而久之，这个让巴比伦人惧怕的日子对犹太人来说变得神圣。同时，它成为第 7 天，是净化身心、停止劳作的一天。《创世记》

---

1 在巴比伦的一些神话中，伊什塔尔因为杀死自己的丈夫，因此被视为邪恶和无情的象征。——译者注

中也写道：上帝用了一周的时间创造世界，前 6 天工作，而第 7 天是休息日。

行星历法的星期则是希腊人的杰作。公元前 336—前 323 年，亚历山大大帝东征，这种历法传到了东亚。在古代，人们已知的星体只有七个，希腊人认为它们的位置都是固定的，但其实这些星体都在变化。希腊人称之为"行星"，这个词来源于古希腊语 planasthai，表示"漂泊"的意思。当时这些已知的行星有水星、金星、火星、木星和土星，以及在此之前就知道的太阳和月球。希腊人的宇宙观以地心论为核心，即地球是宇宙的中心，其他星体共同围绕地球旋转，它们的运动规律也非常简单：离地球越近的星体旋转越快，离地球越远的星体旋转越慢。

从地球开始，行星的排列顺序依次为月球、水星、金星、太阳、火星、木星、土星。这个行星体系被称为"托勒密系统"，是由托勒密在公元 2 世纪确立的学说。由于这种观点和人们观察到的现象一致，因此一度被视作科学定律。直到公元 15 世纪，这条定律才被后人打破——他就是尼古拉·哥白尼。哥白尼宣扬的日心说理论表明，这些行星都围绕太阳旋转。他不知道的是，这场伟大的理论和观念革命将现代文明引入了整个世界。

　　基于这样的天文体系，行星历法的星期规则如下：一天中的每个小时都和一位掌控行星的神有关。每天的第一个小时都有一位行星神报时，这一天就以这个行星神的名字命名。这种方法需要基于两个先决条件：一天被划分为24个小时——这是古埃及人的遗产；行星与地球之间的距离由远及近依次为土星、木星、火星、太阳、金星、水星和月球。

　　比如从星期六开始，1时的行星神是土星，所以7时、14时以及21时的行星神就是月球。22时是土星，23时是木星，24时是火星，第二天1时的行星神就是太阳，因此新的一天也以太阳神的名字命名，也就是星期日（在英语中为Sunday，这个词比法语的dimanche更清楚地说明这一天以太阳的名字命名；而dimanche一词来源于拉丁语 *dies dominicus*，属于宗教用语，表示"安息日"的意思）。如果我们重新数一数时间，星期日的24时就是水星，第二天的1时是月球，也就是周一，即"月球日"。我们可以按照这个顺序算算一个星期中的每一天，你会发现这个顺序就是我们现在的星期一到星期天名字的来历，它们的词源都来自这些行星神：周一——月球；周二——火星；周三——水星；周四——木星；周五——金星；周六——土星；周日——太阳。如果古希腊人还知道天王星和海王星，那我们现在的一星期可能要有 9 天了。

行星历和犹太历的一星期都是 7 天，这两种历法逐渐被众人接受，最终传遍了整个罗马帝国。很难说它们到底是什么时候合并为一种时间的，不过已经有迹象表明，从公元 1 世纪起罗马人就已开始使用行星历，将一周 8 天更改为一周 7 天。

一周 7 天将一年分成相等份数，但是一年有 365 天，而闰年则是 366 天，因此一年无法被 7 天整除。我们更常用的算法是一年 52 个星期（因为 52×7＝364 天）。但实际上一年有 53 个星期，所以到底是 52 个星期还是 53 个星期呢？

为了找到答案，我们要查一查日历上的 1 月 1 日是星期几。如果一年的第 1 天是星期一，那么这一年的第一周恰好从第一天算起，但每年的第一周都恰好从周一开始，或者在最后一个周完整地结束吗？其实这是一件非常困难的事情，解决如此复杂的问题甚至需要国际组织参与其中。1988 年 6 月 15 日，国际标准化组织（ISO）决定使用 ISO 8601 标准，以此建立计算周数、天数以及日期书写规则的标准体系。这些规则对于日常生活几乎没有任何影响，但当我们在讨论财政年度时就有了重要意义。

　　在 20 世纪末，一种新的周数计算方式出现了。国际标准化组织对于周数和天数的定义有一套非常具体的标准。根据它们的规定，一年的周数非常清晰，或者是 52 周，即 364 天，或者是 53 周，即 371 天，没有第三种答案。实际上，国际标准化组织规定的历法是以格列历[1]为基础的。在格列历法中，一年平均有 365.242 5 天。格列历的另一个优点是每 400 年为一个循环，即星期与日期的对应情况与 400 年前完全一致。

　　准确地说，这 400 年包含 20 871 周（400×365.242 5 天 ÷ 7 天 = 20 871 周）。在这 400 年里有的年份有 52 周，有的年份 53 周。我还是像个数学家那样，用包含两个未知数的等式直接告诉你们答案吧。按照国际标准化组织标准日历，这 400 年中有 71 年是 53 个周（即 17.75％），其余 329 年是 52 个周（即 82.25％）——我们可以用这个等式来证明：71×53 + 329×52 = 20 871。那么一年有 53 个周的情况多久发生一次？为了得到这个答案，只需要将 400 除以 71，得到约 5.633 8 年。简单来说，每五到六年就

_____

1 即公元纪年法。——译者注

会出现一年有 53 个周的情况，这非常重要。

再回到我们刚才提出的小问题：一年的第一周应该从星期几开始？答案有很多，但毫无疑问，最简单的回答是这样：每年的第一周从包含一月第一个星期四的那一周开始[1]。第一周总是包含 1 月 4 日的日期。因此，如果 1 月 1 日是周四的年份，那么这一年一定有 53 周，如果这一年恰好是闰年，那么 1 月 1 日一定是周四或者周三。

归根结底，无论是交易日、工作日还是休息日，我们的星期来源其实是数字 7 的力量，同时结合了一门古老的宇宙学理论——地球是世界的中心。

---

1 按照 ISO 8601 标准，第一个日历星期有以下四种等效说法：（1）本年度第一个星期四所在的星期；（2）1 月 4 日所在的星期；（3）本年度第一个至少有 4 天在同一星期内的星期；（4）星期一在去年 12 月 29 日至今年 1 月 4 日以内的星期。推理可得，如果 1 月 1 日是星期一、星期二、星期三或者星期四，它所在的星期就是第一个日历星期；如果 1 月 1 日是星期五、星期六或者星期日，它所在的星期就是上一年第 52 或者第 53 个日历星期。——译者注

## 07:00

# 为什么地球有一年四季?

现在你已经睡醒了,起床洗了一个将近 1 小时的澡(只有这样才能真正醒来……),时间到,现在是 7 点钟,该决定穿什么衣服了。你有两种选择,要么像史蒂夫·乔布斯或马克·扎克伯格那样,无论天气如何都穿同样的衣服;要么根据天气决定,穿短裤 T 恤还是卷腿牛仔裤。

我们仔细考虑一下,人类能在地球上存活其实并不仅仅是因为日月交替,年复一年的相同气象条件循环往复也非常重要。夏日骄阳,冬日飞雪,如何解释这样有规律的循环呢?秘密就藏在星星里……

如果凭直觉的话,我们可能会认为太阳在夏天时比冬天离地球更近。其实是热辐射效应让我们有了这种感觉。离热源越近,就越能感到它发出的热量。然而事实却正好相反。

地球在 1 月 2 日—5 日离太阳最近，我们把这个位置叫作它所在轨道的近日点。六个月之后，也就是 7 月 4 日—6 日，这个位置叫作远日点。出现这种悖论的直接原因是地球绕日轨道是一个椭圆形，而非标准的圆形。地球围绕太阳运动时，二者的平均距离为 1.5 亿千米，而地球轨道近日点和远日点之间的距离约为 500 万千米，仅占前者约 3%，因此这不足以解释冬天与夏天我们观测到的温度差异。

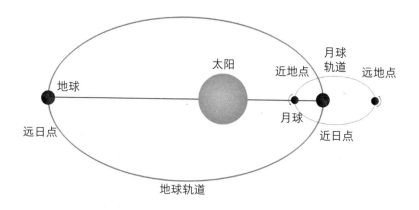

当北半球进入夏季时，南半球永远是冬季，反之亦然。一个生活在澳大利亚的人会想当然地认为地球远离太阳的时候就是冬季，接近太阳的时候就是夏季——我们亲

眼所见的事物往往带有欺骗性。

　　事实并非如此。造成地球产生四季的主要原因是轴转倾角。当地球的北端向太阳倾斜时，北半球迎来了夏季，也就是夏至（6月20日或21日）。同时，南半球迎来了冬至，此时地球南端远离太阳。由于太阳照射地球存在倾斜，因此传递的热量区域比垂直方向更大。相反，此时南半球的表面接收的热量更少，而当地球的南端向太阳倾斜时，北半球则向相反方向倾斜，这与冬至（12月21日或22日）相对应。

　　通常而言，面向太阳的半球比背向太阳的半球接收到的热量更多，原因有几个：比如，每平方米的表面接收的热量会更集中——正如我们刚刚所提，这是因为光线的照射不那么倾斜导致的；此外，由于地球自转，从赤道到极点，面向太阳的半球都会受到太阳光照射，白天的时间也更长，因此这个半球接收太阳的热量也更多。

　　地球的倾角有时朝向南半球，有时朝向北半球，这是由地球自转轴在宇宙中的倾角造成的，这个角度为23.5°。如果没有倾角，或者说地球保持与水平面垂直的方向围绕太阳公转，那么地球上就不会有四季：秋天没有落叶，冬天没有雪花，春天没有大扫除，夏天没有暑假，白天的长

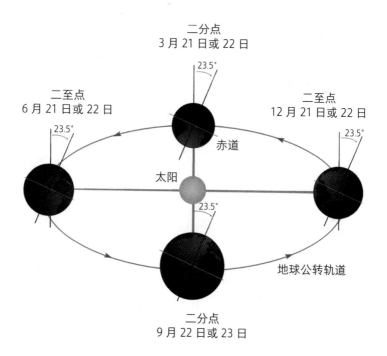

二分点
3 月 21 日或 22 日

二至点
6 月 21 日或 22 日

二至点
12 月 21 日或 22 日

23.5°

23.5°

23.5°

赤道

太阳

23.5°

地球公转轨道

二分点
9 月 22 日或 23 日

短也不会变化，昼夜时长永远相同，简单来说，一年四季将永远一模一样。

相反，如果倾角太大，就会出现极端天气。比如，天王星的倾角是 97°，这颗行星处于完全躺倒的状态，白天和黑夜的长度根据纬度不同从几星期到几个月不等。夏季，北半球总是面向太阳，因此温度比撒哈拉还高，即便是冬季形成的冰川，也会在此时融化得一干二净。

　　不过，南北半球每年都有两次正对太阳的时间，也就是春分（3月19日或20日）和秋分（9月22日或23日），分别标志着春天和秋天的开始。这一天日夜等分，而"二分点"（équinoxe）这个词的特点可以在拉丁语 aequus（相等）和 nox（夜晚）中找到，这也是每年太阳唯一从正东方升起，从正西方落下的时候。二分二至这四个特殊的日子也因此标志着一年四季的开始。

　　地日距离的变化解释了为什么地球四季会长短不均。北半球的夏季（即南半球冬季）从6月夏至起直到9月秋分结束，这是一年四季中最长的季节，长达93.7天。相比之下，北半球的冬季（即南半球夏季）从12月冬至起至次年3月春分，只有89天。至于北半球的春季（即南半球秋季）则从3月春分至6月夏至，时长为92.7天。最后，北半球秋季（即南半球春季）从9月秋分至12月冬至，为89.9天。

　　当位于远日点（即地球在公转轨道上距太阳最远的位置）时，地球受到太阳的引力比在近日点（即地球在公转轨道上距太阳最近的位置）时受到的引力更小。太阳对地球的引力更小，地球在轨道上运转的速度也就更慢。地球在7月4日前后运行至远日点，因此，我们也就明白为什么北半球的夏季会更长了：因为地球在公转轨道的这个位置停留的时间更长。相反，地球到达近日点大约在 1 月 4 日前后，这时太阳的引力达到最大，因此，地球在宇宙中运转的速度也最快，北半球的冬季也就最短。所以和南半球相比，生活在北半球更有好处：夏天更长，冬天更短。不过好处也仅此而已。

实际上我们可以想想：夏至（南半球冬天）后不久，地球到达远日点，冬至（南半球夏天）后不久，地球达到近日点，为什么南半球的冬天比北半球的冬天气候更温和？我们已经知道地球和太阳之间这两个位置特殊的点，它们到太阳的距离大约只有 500 万千米的差异，这个数字几乎可以忽略，但太阳光在远日点到达地球的强度仍然比在近日点低 7%。平均来看，地球在远日点的温度应该比近日点低 4℃左右。因此，理论上南半球的冬天应该比北半球的冬天更冷才对，但事实正好相反，根据观测，整个地球在远日点的温度比在近日点高 2.3℃。这看起来实在太奇怪了，但事实正是如此。

答案藏在这里——海洋，因为南半球的海洋面积比北半球更大。陆地温度上升变化很快，海洋却完全相反；也就是说，海洋具有热惯性。沙漠可以很好地解释这个现

象：通常情况下，夜晚的沙漠温度极低，到了白天，气温
则会迅速上升。同理，南半球海洋占据了南半球全部面积
的80％，当冬天来临时，海洋仍然会保留南半球夏季尚
存的温度。对于北半球而言，远日点和夏至相隔不远是很
幸运的，这使得夏季更为舒适。南半球的情况虽然相反，
但是海洋扮演了气候调节的角色。

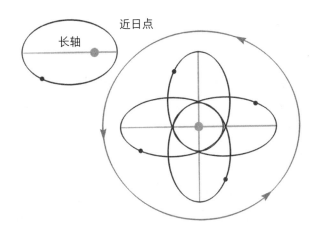

然而，这种情况并非一直如此，将来也不会一直如
此。如果将近日点和远日点相连，我们可以得到一条位置
与地球轨道相对的假想线——"拱线"。也许你会发现拱
线在沿着地球公转的方向缓缓移动。我们知道，地球绕太

阳公转一周的时间超过 365 天，但沿拱线公转一周需要 135 000 年。

说到这里，就必须要谈到另一个天文现象——分点岁差。自古希腊时代以来，人们就已了解到二分点和二至点存在时间偏差，且二分点的运动方向与拱线相反。因此，二分点在三月时向近日点运动，九月时向远日点运动，二分点绕地球轨道运动一周需要大约 26 000 年。这并不代表二分二至的日期会改变，因为我们使用的日历已经明确规定，这些日期都是固定的，在上千年里只有一到两天的差异。

然而，这两种运动虽然缓慢且规律，但从长远来看，仍然会给四季的时长和气候带来影响——这种现象被称为气候岁差。实际上，通过比较这两种运动可以看出，拱线和二分线每 21 500 年就会重合一次。和地球公转只需一年相比，这个时间实在是太长了，但这同时也说明地球到达远日点或近日点的日期每 58 年就会重复一次（21 500 ÷ 365.25≈58）。

换句话说，每年地球到达近日点的时间平均会晚 25 分钟（24 × 60 ＝ 1440，1440 ÷ 58≈25）。大约在 1220 年路易九世统治时期，800 多年前的近日点与夏至点完全相同。如果看向未来的话，夏至点会在大约 9700 年后与近日点完全重合，所以那时一定要准备好迎接酷暑，也要警惕严寒，尽管那时地球变暖已经因为人类活动而变得更加严重。

## 08：00

# 十二星座的歌声

"今天的你会感到一种难以克制的征服欲，不要压抑自己，这会让你觉得无法忍受……"

这是8点钟吃早饭时，我在报纸上不经意间看到的我的星座运势。我确实感到一股无法控制的情绪，但这只是每天起床后都有的情绪而已。所以肯定不是这个，更别提什么"征服欲"了。唯一的可能是今天公共交通罢工，不知道能否在这挤得像沙丁鱼一样的车里找到一个宝贵的座位呢？

我开始认真思考起来了，但实在不知道自己要征服什么。我已经被警告过今天可能有糟糕的感觉了。这种焦虑的情绪越发涌上心头。哎呀！为什么要看那条每日星运呢？这时的我突然计上心头：为什么不问问周围和我一样的天蝎座呢？说不定他们早上起床时真有什么"难以克制的征服欲"呢？毕竟今天对于全世界的天蝎座来说都充满了征服欲。今天结束的时候，不是伟大的征服者，就是失败的可怜虫，无论哪种都能让人晕头转向。

可我当初为什么要看那条星运预告呢？是在期待着什么事情吗？但是我不是一个喜欢征服的人……想到这里，我感到更沮丧了——可怜的我。

这种占星学假想给每个人的生活都做出了预设，每个人的命运如何由我们出生时天空中各个星宿所在的位置来决定。因此，只看某一个星座的星运占卜没有任何意义，因为这种办法并未考虑到每个人出生时的其他星相。当一天开始的时候，如果每个生命都只用一个星座来代表，那这个世界上的生活方式就太有限了。不论我们在何时何地出生，都只会被概括为一种星座，但地球上有几十亿的人，如果每天都要受星座的限制过着一模一样的生活，将是多么让人烦恼的事！

然而，根据占星学规律，出生于1968年4月8日和1992年4月8日的人不会拥有相同的命运，因为这些星宿在天空的位置在这两天并不相同。所有星宿都位于宇宙苍穹中一条繁星密布的带子里，这条带子叫作"黄道带"[1]。在很久以前，"星座"这个词指的是出生时上升的黄

---

1 黄道带：从地球上看太阳运行轨道及两侧延伸约8°的区域。——译者注

道十二宫中的一点，即出现在东方地平线上的一点。由于行星在地平线位置很低的地方，大气层有一定厚度，穿过大气后到达肉眼的光线已经被完全吸收，所以这些行星几乎无法被看到。因此，我们只能注意到位于东方的黄道十二宫。我们每天在报纸上看到和广播里听到的星座大杂烩与星相学完全矛盾，这些理论没有任何依据，这种每日星运也体现了大众媒体的盲从性。只要让报纸抓住眼球，他们就有赚不完的钱……

黄道带就像一条天空中的"高速公路"，太阳、月亮还有其他行星都在这条"高速公路"上运动。它们都按相同方向自西向东移动，与我们在地球上看到的东升西落完全相反。这条"高速公路"的中心线构成了天球[1]上的一个大圆圈（即黄道），这条线恰好是太阳一年内的运动轨迹。我们之所以能看到太阳，是因为在宇宙中，太阳和太阳系的其他行星大致都在同一平面内，它们都在这片区域运动。如果只讨论太阳和月亮这两个光源，有时人们会认为它们在天空中的位置完全不固定，没有任何变化的规律，这主要是由地球造成的，地球的旋转轴像比萨斜塔一

---

1 天球是半径为任意长度的假想天体，通过将天体沿观测者视线在球面上投影，以此研究天体之间的相互关系。——译者注

样，微有倾斜但并没有倒下。所以从地球上观测太阳和月球一整年的运动轨迹，它们的高度会根据时间不同或多或少有些变化，同时与我们在地球上的观测地点也有关。

人们很早就发现了黄道带的存在。最早开始研究的是美索不达米亚的迦勒底人，从公元前 7 世纪开始，他们先是发现了 17 颗明亮的恒星，将其称为"标准"星，随后观测到的数量多达 32 颗。此后，人们渐渐把一些恒星组合在一起——统称为星座，它们与古巴比伦神话中的某些神明的象征联系在了一起。

这些象征中的大多数都是动物，需要稍加联想——或者有时需要花大力气想象才能和星座联系在一起。我们今天了解的黄道十二宫就是在这段时期形成的，时间大概在公元前 5 世纪。黄道十二宫的发现是一场真正的科学革命。

黄道带被等分为十二份，每部分的名字都与一个位于此处的星座有关。黄道虽然是被平均划分的，但星座的形状大小各不相同。在黄道的概念刚出现时，它的作用是记录行星在某一时刻位于天空的位置，人们将其称为"星历"，比如只要说出一个日期，就可以知道这一天行星在黄道上的位置。要实现这一点，就必须通过黄道了解行星的运动速度，这样才能确定它们所在的位置。当时有一种非常方便的方法可以测量某颗行星绕黄带运动一周所需的时间，由于这个时间与行星绕太阳公转一周的时间相等，所以当木星经过一个黄道宫需要一年时，就意味着木星绕太阳公转一周需要 12 年，因为黄道有十二宫。

目前已知最早提及黄道带的星历表创造于公元前 463 年。当时对星历表的需求主要出于占星学的考虑。从这个角度来看，迦勒底人是最早的占星学推动者；关于占星学的最早论著可以追溯到公元前 3800 年，是由萨尔贡一世编纂的。虽然人们可能有些怀疑星座预言与星体位置之间的关联，但占星学的确为天文学发展提供了强大的推动力。17 世纪最伟大的天文学家之一约翰尼斯·开普勒甚至将占星学称为"天文学之女——一个滋养母亲的女儿"。

黄道带像一把巨大的刻度尺，它由十二个部分组成，每部分被等分为三十份，每份为 1°。在迦勒底人时代，一年有 360 天，即太阳恰好在黄道带每天移动 1°。美索不达米亚的黄道带随后被传播到位于东方世界的印度，同时也被带到西方的埃及和希腊。为了避免歧义，古希腊人将十二星座命名为 dodécatomorion（意为"十二个部分"）。不过这个希腊词语并未在天文学领域里占据一席之地，但 zôdion（小动物）这个词却被沿用下来，成为我们今天所知的 zodiaque（黄道带）一词的词源。很久以后，古希腊人才将黄道带用于占星术中。直到公元2世纪，托勒密才将其应用在他的概要《占星四书》中，这些伟大的定理一直沿用至今。黄道带也可以被用来记载历史事件的时间，只需记录当天黄道十二宫的位置即可，直到中世纪，人们还在使用这一功能。

我们一直认为十二星座的名字来自古希腊时代，事实并非如此。我们已经知道，古希腊人完全沿用了迦勒底人使用的星座名称，只是在此基础上加入了希腊神话。黄道十二宫的名字如下：白羊宫、金牛宫、双子宫、巨蟹宫、狮子宫、室女宫、天秤宫、天蝎宫、人马宫、摩羯宫、宝瓶宫和双鱼宫。

在黄道十二宫刚刚形成时，迦勒底人创造的白羊宫是牧神杜木兹的象征，代表春天的生机，他是爱情女神伊什塔尔的丈夫。白羊宫象征美好季节的归来，每年很多地方都会为此庆祝，因此白羊宫的出现标志着春天的开始；金牛宫是天神和众神之父安努的神兽，它受命摧毁城邦乌鲁克，因为乌鲁克之主吉尔伽美什拒绝了天神之女伊什塔尔的追求，伊什塔尔一怒之下要求父亲安努对他加以惩罚；双子宫代表冥界的守护神玛斯拉姆泰和卢伽利拉；室女宫象征生育之神莎拉，天蝎宫是伊什塔尔的化身，迦勒底人长久以来将其视作爱情的象征；天秤宫则代表太阳神和正义之神；狮子宫的象征仍有待考证，可能表示好战尚武的伊什塔尔女神或众神中位居第二的拉塔拉克；摩羯宫则代表水神伊亚。

现在让我们试着在天空中找出黄道十二宫的位置。要完成这个练习并不简单，这需要花一点（甚至是很多）精力在天空中定位。如果你不是非常精通宇宙几何学，最好还是跳过以下几行内容，因为这不值得耗费精力。如果你恰好是最勇敢的那类人，那就好好花时间读一读，甚至需要反复去读。

要在天空中找到黄道十二宫，只要像迦勒底人那样标出星座在天空中的位置就可以。你可以把眼睛转向太阳落山的方向，这样就会确定地平线上的某一点，然后在该点方向将视线准确地旋转180°，也就是一个完整的半圆。在此处地平线升起的恒星或星座就属于这个大的黄道带范围。显然你也可以用这个方法来记录太阳的位置，现在你观测的星座所在黄道的区域正是六个月前太阳所在的黄道十二宫位置。

地平线上的黄道带被分为六部分，斗转星移，昼夜如此。如果在傍晚太阳即将落山时向天空的西方望去，你发现了一颗相对较亮的恒星，经过日复一日的观测，你会发现这颗恒星似乎在渐渐靠近太阳，直到某一天它消失在太阳的光线中。实际上是太阳在靠近这颗恒星，因为太阳在天空中是自西向东运动。太阳每天沿黄道带移动 1°左右，是月球视直径的 2 倍[1]。经过 365 天之后，这颗恒星会在日落时分再次出现在去年的位置，而且它出现的日期也与去年完全相同。

除黄道带之外，还有另一个大圆圈——天赤道。它与指向北极星方向的地球自转轴相垂直。天赤道的大圆圈很容易想象：它始终精确地经过东西两个基准点，在天空中的高度取决于所在地的纬度。如果此时你恰好在赤道上，北极星位于地平线位置，天赤道与北极星呈 90°关系，经过天顶（天空中与观测者所在位置完全垂直的一点）环绕天空。如果此时你位于北极点，北极星位于天顶方向，天赤道就会完全与地平线重合。最后，如果你在其他地方，比如位于北纬 48°多一点儿的巴黎，那么北极星所在位置与地平线的夹角完全等于巴黎的纬度，即 48°；由于天赤

---

1 月球视直径为 0.5°。——译者注

道与北极星呈垂直关系，所以天赤道的高度为地平线上方大约 40°，并且一整年都将保持在这个位置，而黄道则相反，它与地球围绕太阳公转的方向一致，以地球公转的速度在天空中旋转。

黄道带和天赤道有两个交点，即二分点。换句话说，在春分和秋分这两天，太阳将同时位于黄道带和天赤道，这个位置就是二者的交点。春分时，太阳将进入白羊宫区域；秋分时，则进入天秤宫。太阳将在这两天里分别从正东和正西方升起并落下。

尽管黄道带和天赤道存在交点，二者之间仍存在一个明显的 23.5° 夹角，这一角度等于地球自转轴的倾角。如果不存在这样一个倾角，从某种程度上说，地球完全与黄道带垂直，那么黄道带与天赤道将完美重合，二者之间也不存在交点，地球将永远处于春分的状态。在古代，观测黄道带是人们最早用来确定夜间时刻的方法之一。每晚六个星座都将从地平线升起，太阳落山后，只要计数出现的星座个数，结合方向就可以大概得知夜间的时刻。

公元 2 世纪，亚历山大天文学家托勒密明确定义了黄道的形状，此后便被人们沿用至今。托勒密规定，太阳进入白羊宫即表示春天的开始。黄道带由黄道十二宫以及与

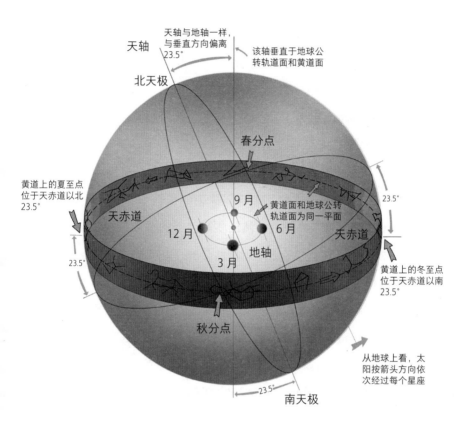

其同名的星座构成。然而，尽管黄道十二宫是按规律等分，但星座却并非如此。比如太阳经过整个室女座需要将近45天，天蝎座只需要6天，之后它将在18天内穿过一个不包括在黄道十二宫内的星座，人们将这个星座命名为蛇夫座。因此，黄道带的星座实际总数为13个，这充分说明天文学

的黄道十二宫并不等同于黄道十二星座。所以有两个黄道
十二宫，正如科学史学者奥托·诺伊格鲍尔所说，其中一
个黄道十二宫保证了"数学上的理想化"，它用于记录季节
开始的时间或定义在天空中运动的星体所在的位置，比如
太阳和月亮。

今天，黄道十二宫已不再与十二星座保持一致。因
此，当3月20日或21日春天到来时，根据十二宫的定义，
太阳才刚刚进入白羊宫，然而实际已经到了双鱼座。黄道
十二宫和黄道十二星座逐渐彼此分开，是我们前文提到的
岁差造成的。

实际上，这个运动是赤道和黄道交点的运动。这两个
交点沿着黄道带缓慢移动，它们经过黄道十二宫的其中之
一——30°，需要不到2150年，那么绕黄道一周则大约需
要25 800年。因此，自近2000年前遥远的托勒密时代以
来，标志着太阳进入白羊宫和春季开始的点正在向着与太
阳轨迹相反的方向运动。现在这个点位于双鱼宫，距宝瓶
宫只有8°，而这个点进入宝瓶宫的时间为公元2597年。

这一现象背后的物理学原理是地轴在宇宙中的运动。
地轴在空间中绘出一个圆锥面，它的运动受月球引力影
响；另一个次要原因是太阳，它导致地球的赤道略微鼓

起。实际上，由于月球和太阳的影响，我们的地球是一个扁平且赤道略鼓的球体。从某种程度上说，地球像一个绕轴运动的大陀螺，我们在这个轴上施加了轻微的压力，导致这个轴开始做圆周运动。

岁差所带来的另一个后果是北极星位置的改变。如今，北极星位于地轴北端的延长线上，所以被称为"极点之星"，又因它属于小熊座星座，所以得名"北极星"。在13 000年后，地轴将在天空中移动一半的位置，因此将指向不同的方向，准确地说是靠近天琴座织女星的位置。到那时，我们的北极之星就是织女星了。

对我们来说，这个时间似乎十分漫长，但实际上，它们相对而言很短。如果没有月球，这个需要26 000年完成的进动运动可能需要43 000年。地轴的倾斜度也叫倾角，它在地球气候变化中扮演着关键角色。月球引力作用于地轴并带动其迅速运动，使地球相对来说免于受到太阳系其他行星引力的影响，特别是木星和土星。地轴的倾角稳定保持在23.5°。

没有月球，地球会变成一颗疯狂旋转的陀螺，生命也将因气候完全失常停留在萌芽阶段，不过这种情况并不会持续下去。月球正在慢慢远离地球，它对地球的有利影响正在慢慢消失。我们预计在 15 亿年之后，地球将进入一个混乱的时期，地轴倾角逐渐达到 50°甚至 90°。地球可能完全横躺在黄道上，在我们星球的每个地方，昼夜长度将达到 6 个月之久。在美索不达米亚人的创世史诗中，马尔杜克（marduk）用星星在天空中记录下众神的样子。他也被后世认为降服了混沌时期的怪物迪亚马特（Tiamat），并在此后开辟了世界。这段史诗的结尾仍有待继续，我们可以想象迪亚马特在一片灰烬中重生并前来复仇。这一次，马尔杜克被一举击倒，世界重新回到了一片混沌。

# 谁发明了闰年？

从 9 点钟收到几条短信开始，就注定了今天是一个特殊的日子。这一天的生日要好好庆祝，尤其是每四年才有这样一次机会。在这一天里，我们需要把过去三年错过的生日都补回来……这对于 2 月 29 日出生的人实在是太不公平了。这个月份与其他月份都不相同，既反常又乖张，它绝不答应一个月超过 28 天。有时候，它也会每四年表现出一点点温顺（尽管还是差得太远……），勉强接受 29天，不过也绝不会再多一天。

2 月的天数是罗马历的历史遗留问题，作为现行历法的鼻祖，罗马历是一种近似于月亮周期的阴历。它的一年有 12 个月，构成方式近似于阴历年即 354.367 06…天，其中 10 个月，每月的天数为 29 天或 31 天，而另外两个月——1 月和 2 月，每月为 28 天。然而迷信的观点认为天数为偶数的月份是不吉利的，因此民用年为 355 天。由于这和一年 365 天的太阳年相差 10 天，所以罗马人每两年在民用年中增加一个月。

说到这里，我们需要注意 1 月和 2 月是在罗马历出现很久之后才被添加其中，因为原先使用的罗马历法叫作"罗慕路斯历法"，一年为 10 个月即 304 天，3 月是第一个月。我们可以从现在使用的月份名字中发现，9 月、10 月、11 月和 12 月这四个月份，如果按照名字应该分别位于一年的第七、第八、第九和第十个月，这实际上正是因为第一个月是从 3 月开始的[1]。

与其他月份不同的是，如今 2 月的天数以周期性的规律在变化，这就使得大部分时间一年还是 365 天，但渐渐会变成 366 天，我们把这样的一年叫作"闰年"。我们现在要试着理解闰年产生的原因，不过在此之前需要思考一个简单甚至不值一提的问题：什么叫作一年？实际上这个问题非常重要。好吧，第一个想到的答案也是最简单的，从 1 月 1 日到 12 月 31 日叫作一年。当然正确，不过这种

---

1 在法语中 9 月、10 月、11 月和 12 月分别为 septembre、octobre、novembre 和 décembre，它们的前缀 sept-、oct-、nov- 和 déc- 分别在法语中有"七""八""九""十"的意思。——译者注

历法讲的是民用年或公历年，不论消防员、清洁工还是其他职业的人，我们使用的都是同一种日历。这样就可以回答刚才的问题了吗？远远不够。

第二个可能想到的答案和四季交替有关，也就是同一自然现象的循环，这与我们的邮递员、消防员、清洁工或我认识的那些朋友没有任何关系。这里的一年是连续两个春季之间的时间。我们都知道 3 月 21 日（通常是 3 月 21日，这里不做过多讨论）标志着春天的到来，这是自古以来所有人或绝大部分人公认的事实，实际上准确地说，这种观点是闰年出现之后才形成的，我们关注的对象也正是闰年。这些日期像标记一样，让我们的生活变得规律起来。试想如果要等到 6 月 21 日春天才会回来，我们的假期会变成什么样子呢？听上去很荒诞吗？其实并没有那么夸张。积少成多，如果我们从现在起下令废除掉 366 天的闰年，那么用不到 360 年之后，我们的音乐节就会在春分这一天到来了 [1]。

因此，一年 366 天的闰年可以使每年四季交替发生的时间保持相同。要想理解这一原理只需了解一年的实际

---

1 每年的 6 月 21 日为法国音乐节。——译者注

时间长短即可，我们将这样的一年叫作"天文历年"，天文学家更愿意将其称为"回归年"。问题在于回归年不是365 天，也非366 天，而是365.242 189 天，即365 天5 小时48 分45.1 秒。唉，这可不公平，如果1 个民用年是365 天的话，谁知道那多出来的5 小时48 分45.1 秒去哪里了呢！因此民用年比天文年短了5 小时48 分45.1 秒。如果我们认为春分——3 月21 日标志着春天的开始，那么四个历年之后春分就会推迟将近24 小时，也就是3 月22 日。如果我们就这样听之任之，那么春天会越来越晚到来，360 年后，春分的时间会变成6 月21 日！每个季节的时间都会混乱。

为了让四季重新变得规律，需要每四年将一年延长一天，这样就可以补回之前累积的时间差。换言之，四个连续年的年平均时间为365.25 天（365 ＋ 365 ＋ 365 ＋ 366 ＝ 1461 天，1461 ÷ 4 ＝ 365.25 ）。因此，与回归年的时间差就缩减为11 分15 秒（365.25 － 365.242 189 ＝ 0.007 811，0.007 811 天 ≈11 分15 秒）。这个简单又精妙的办法是恺撒大帝创造的。第366 天被称为"闰日"，恺撒规定闰日为2 月24 日或25 日中的某一天。实际上在当时有两个2 月24 日。第一个24 日叫作"3 月1 日前的第一个第六日"，罗马人将每月的第一日称作朔日。第二个 24 日自然被称作"闰日"，也就是 3 月 1 日前的第二个第六日。

尽管如此，与回归年还是有超过 11 分钟的时间差，一年 365.25 天的时间要比回归年略长，春分日开始的日期也因此会随着时间增加而慢慢提前。只需短短 128 年，春分就会比预计的日期提前一天（128×11 分钟＝1408 分钟 ≈1 天）。公元 16 世纪人们就发现了这样的问题，当时的春分已经提前至 3 月 11 日。

这次是教皇格列高利十三世发现了问题所在。当时采用的历法儒略历遵循恺撒制定的规则——可以被 4 整除的年份即为闰年，整百的年份也是如此：1600 年、1700 年、1800 年、1900 年、2000 年。格列高利的改革修改了判断整百年份是否为闰年的标准：年份对应的世纪数可以被 4 整除，那么这些年就是闰年。因此，1600 年包含 16 个世纪，那么 1600 年就是闰年，2000 年同理。在这个新的计算方法中，不仅每三年后会出现一个闰年，每三个整百的年份之后，也就是第四个整百年份也是闰年。这意味着在 100 个世纪中，只有 1/4 的年份是闰年，因此有 25 个世纪是闰年，而另外 75 个世纪则不是闰年。

那么一年的平均时间到底是多少呢？要解决这个问

题只需要一个新的方法：将 100 个世纪的天数相加，每个世纪的平均天数为 36 525 天，计算出全部天数（36 525×100），然后减去 75 天，即 75 个非闰年，最后将这个结果除以 10 000，这样就可以得到结果 365.242 5 天，因此这与回归年（365.242 189 天）的差距每年约有 27 秒，这实在是太棒了，不是吗？这一革新式的方法是由两位数学家阿洛伊修斯·李箓时和克里斯托弗·克拉乌发现的。用这种方法得出的一年时长与太阳连续两次经过春分点间隔的时长非常接近，即 365.242 374 天。

这项改革于 1582 年 2 月 24 日的教皇诏书中宣布，其实这一法令从 1575 年就准备实施并且本应进展得十分顺利，但由于 1572 年发生的圣巴托洛缪事件，已经年近八旬的教皇希望为历史留下更多正面的记忆，因此推迟了法令颁布的时间。这次改革更多是出于宗教原因——为了确定如何计算复活节的日期。

教会的春分日与天文学意义上的春分日并不相同。前者的春分日是固定的日期，即 3 月 21 日，不能将其提前到 3 月 11 日，因此在 1582 年颁布法令时，这提前的 10 天就被教皇从日历中删除了。法令还宣布儒略历 1582 年 10 月 4 日星期四的第二天将作为新历法——格列历的

1582 年 10 月 15 日的星期五。虽然它本应该叫作"李篆时历"，采用李篆时的名字，这样更好也更公正。

为了使春分日精确地固定在同一日期，其实还有另外一种方法，可以将教会的春分日与天文学意义上的春分日完美地保持在同一时间。我们只需建立一个 33 年的周期，其中包括 8 个闰年。这个周期的年平均时长为 365.242 4…天（25 个 365 天的一年和 8 个 366 天的一年相加，然后将其除以 33）。这一周期由学者与诗人莪默·伽亚谟（Omar Khayyam）于公元 1074 年提出，旨在推行波斯历。不过按照波斯历法，每当遇到这 8 个闰年的年份，就增加 1 个闰日，这种方式确实不太方便。相比而言，我们现在使用的格列历规定，大部分可以被 4 整除的年份即为闰年，这种方法更为简便。不过以 33 年为一个周期的历法有一个非常大的好处，就是可以保证每年的春分日都在同一天！

当然，33 年为一周期的方法也在当时的历法改革委员会中为众人所知，其中就有提倡 33 年周期的安提阿正教会的主教内梅特·阿拉（Nemet Allah），因为 33 这个数字正好与耶稣的寿命一致。然而，历法委员会更支持克里斯托弗·克拉乌的提议可能只是因为增加闰日的方法更为简单……

对于法国这个天主教国家而言，历法的改变从 1582 年 12 月开始：12 月 9 日的第二天变成了 12 月 20 日。对新教教徒来说，教皇格列高利十三世为他们留下了一段惨痛的记忆，因此虽然历法改革得到了支持者的响应，但对于新教教徒来说，整个 17 世纪并未有任何改变。往来于天主教和基督教新教国家之间的旅行者，早已习惯在日历中加上或减去 10 天的时间差。然而在公元 1700 年即将来临的时候，这个问题又引发了一个新的矛盾，因为在儒略历中，这个世纪末的最后一年是闰年，而格列历却并非如此。于是众多的新教国家——比如丹麦和挪威终于迈出了改革的脚步。英国、瑞典和芬兰通过联盟的方式最终于 1752 年接受了历法改革。俄国直到 1917 年才加入其中——这里必须要说明的是，因为没有使用格列历法，1908 年俄国代表队抵达伦敦参加奥运会时足足迟到了 12 天！

有了新的日历，每年四季日期的变化就慢得多了。整个 20 世纪的春分只出现在 3 月 21 日（20 世纪中有 43 年）和 22 日（20 世纪中有 57 年），而到了 21 世纪主要出现在 3 月 19 日（有 20 年）和 3 月 20 日（有 78 年），只有两年的春分日在 3 月 21 日。至于夏至日，在 20 世纪中有

64年在6月21日，其余36年在6月22日。到了21世纪，我们可以计算出有46年在6月20日，有54年在6月21日，在这个世纪里，没有任何一年夏至日是6月22日。

　　最后，还有一个非常关键的问题留给那些在2月29日出生的人：你们的生日到底是哪一天？虽然每四年才有一次，不过如果你认为每一年都要过生日，而民用年只有365天，这种情况应该怎么办呢？对于在闰年之后的平年，生日可以放在2月28日，直到第四年的2月29日，也就是闰年，这一年对你们来说可以有两个生日——2月28日和29日。这样看来，出生在2月29日也不是一件非常糟糕的事！

# 10:00

# 日期不定的复活节

10 点是复活节做弥撒的时间,对基督徒而言,这是一年中最重要的节日之一。复活节是为了庆祝耶稣在殉难几日后的复活。然而这个节日的日期到底是哪天呢?2016 年是 3 月 27 日;2017 年是 4 月 16 日;2018 年是 4 月 1 日;而 2019 年是 4 月 21 日⋯⋯对于这样一个重要的节庆活动,组织者的计划似乎有些太随意了,他们是否考虑过这样变化无常的日期是出于天文学的原因?

复活节并不是一个每年日期均为同一天的节日。显然,它的日期变化有一套非常精确的规则。确定复活节的日期非常重要,因为它决定着其他同样不确定日期的节日:七旬主日——复活节前的 63 天;封斋前第一个星期日——复活节前的 49 天;举行圣灰礼仪的星期三——复活节前的 46 天;圣枝主日——复活节前的 7 天;受难

节——复活节前的 2 天；慈悲主日或卡西莫多节——复
活节的下一个星期日；丰收祷告节——复活节后的第 37、
38 和 39 天；耶稣升天节——复活节后的第 40 天；圣灵
降临节——复活节后的第 50 天以及圣三节——复活节后
的第 56 天。

　　公元 2 世纪，教皇维克托一世规定，以复活节庆祝耶
稣受死后复活。根据《四福音书》[1]的记载，耶稣复活应该
在耶稣被钉在十字架后的第 3 天，而受难日发生在犹太人
安息日周五的前夜。在《马太福音》和《约翰福音》中关
于这一点略有分歧。因此，复活节的日子是星期日，庆祝
活动应该在这一天。此外，耶稣基督最后一餐的时间恰好
是犹太历尼撒月[2]第 15 日开始的时候。犹太历的每个月从
太阳落山后第一次新月出现的晚上开始计算。尼撒月的第
14 日是满月，这正是逾越节——庆祝犹太人离开埃及的日
子。因此这个节日一定出现在月圆春分之后。在下文中，
我们需要注意区分犹太教的逾越节和基督教的复活节。

---

1 四部介绍耶稣降生、受洗、传道、受死、复活等生平的书籍，由马太、约翰、
马可、保罗四名门徒编写，分别名为《马太福音》《约翰福音》《马可福音》和
《路加福音》。——译者注
2 即犹太历一月。——译者注

确定复活节日期需要遵循三个时间顺序：春分之后、第一次满月出现、第一个星期日。看上去问题似乎并不复杂，但这也只是看上去而已！因为考虑天文学和神学就无法避免在一定程度上打破理想的数学计算模式。

确定复活节日期首先要考虑两个天文学现象：满月和春分。然而，在地球的各个位置观测到满月和春分昼夜等长的日期并不相同，因为每个地区都有各自的时间，即当地时间。对于这样一个在全世界范围内庆祝的节日，不讨论时间问题是不可能的。实际上，按照公元 314 年阿尔勒理事会的决定，全世界基督徒应该在同一天庆祝复活节，然而对于满月而言，同时在世界各地看到这一天文现象是不可能的。因此人们放弃了通过观测某种天文现象来确定复活节日期的办法，所以复活节的满月并不是天文学意义上真正的满月，而是近似于数学意义上的满月，更确切地说是教会的满月。

春分也是同样如此，我们这里所说的是教会的春分。它的日期一劳永逸地固定在 3 月 21 日，这一点必须要考虑其中。我们在前文已经提到，春分的日期并不固定，它可能在 3 月 19 日至 22 日之间变化。教会则规定了更简单的春分日期——所有春分都在 3 月 21 日，这样就可以确保复活节发生在 3 月 21 日出现的下一个满月之后的第一个星期日。好了，这一点已经清楚了，现在的问题是如何确定计算复活节日期的方法，即日历推算法。

我们所说的教会的满月并没有考虑月球复杂的运动，因此教会的满月日期与"真正的"满月相差几天。前者仅规定朔望月首日，也就是月球与太阳出现合相（即新月）的 14 天后即为复活节。按照现代的日历推算法，教会的满月与天文学的满月最多有 2 天的差距。在公元后的几个世纪里，人们花了很长时间才建立起日历推算的规则。一些教会——比如安提阿正教会则不考虑历法，仅规定复活节的日期在逾越节之后的第一个星期日。为了解决这样混乱的现象，君士坦丁大帝于公元 325 年在尼西亚召开基督教大公会议，宣布彻底废止使用希伯来人的计算方法，避免人们在同一天庆祝犹太教逾越节和基督教复活节。

教会满月使用的是默冬周期[1]，这是一种简单而有效的工具，人们可以借此预计新月和复活节的日期。根据默冬周期，同一月相每 19 年在相同日期出现。换言之，在 235 个朔望月（或太阴月，即连续两次新月出现的平均

---

1 默冬（Meton），古希腊天文学家。——译者注

时间）结束之后，每个朔望月为 29.530 588 85 天，正好过去了 19 年。至此，我们可以得出默冬周期每年平均为12.368 42 个月（该结果由 235÷19 得出）。

不过，朔望月的平均时间为 29.530 588 85 天，即 29天 12 小时 44 分 2.8 秒，而春分点回归年[1]的平均时间为365.242 374 天，即 365 天 5 小时 49 分 1 秒。因此，我们将一年平均看作 12.368 27 个月，和默冬提出的周期相差非常小，所以，实际上默冬周期具有很高的预测精度，它非常适用于计算日期，尤其是新月和满月的时间。因此，在一段时间里，默冬周期将儒略历与阴历相结合，以此建立了复活节的日期表。

公元 525 年，狄奥尼修斯·伊希格斯确立了最终的日历推算法。这名斯基泰修道士计算出了公元 532—626 年的复活节日期。狄奥尼修斯还以倒推的方式算出了过往的复活节日期。为了得出结果，他使用了阿基坦的维克多利乌斯（Victorius）在公元 457 年提出的"532 年长周期"（annus magnus）。这个周期由 19（默冬周期）×28（太阳周期）得出。在太阳周期中，1 月 1 日所在星期的天数

---

1 春分点回归年，即太阳连续两次经过春分点的时间。——译者注

保持不变，始终按这一顺序不断循环往复。如果每年都有365 天（52 个星期＋1 天），则每个 1 月 1 日对应的天数在每年都提前一天，7 年之后，1 月 1 日所在星期的天数将会重新回到同一天。然而在儒略历中，每四年就会出现一个闰年，显然打破了这样完美的顺序，因此就必须经过7 个闰年才能完成这一循环。这就不再适用于格列历，因为一旦遇到不是闰年的年份，这种循环就会被打乱。

使用这种计算方法，复活节的日期每 532 年开始一次循环。狄奥尼修斯在倒推复活节时间时发现，上一个周期的开始是在耶稣受难日的前 33 年，由于复活节是为了庆祝耶稣基督复活的节日，所以这个时间没有任何意义。然而，这个周期开始的年份和被视为耶稣出生的年份是十分相近的。因此这名斯基泰修道士在无意间创造了一个新的时代，即基督教时代，这个时期可追溯到罗马建城的 753 年 12 月 25 日。不过这一说法直到两个世纪之后才真正传开。

准确而言，儒略历一年的长度为 365.25 天，即一个儒略年。此外，正如我们在上文强调过，19 个儒略年完全等于 6939 天 18 小时。如果我们将这段时间和 235 个平均朔望月即 6939 天 16 小时 33 分相比，那么 19 年后天文学的月相时间将稍早于教会的月相约 1.5 小时。这看似无妨，但只要稍微超过 16 个周期即 308 年之后，这个差距最终将增加至整整一天。有一种解决问题的办法是将每年缩短 4.7 分钟（1.5 小时除以 19 年，即 90 分钟 ÷ 19 年 ≈ 4.7 分 / 年），这样就可以使两个月亮完美地保持一致了，犹太历采用的就是这种方法。

在尼西亚公会议之后的几个世纪里，儒略历的主要缺点日益显露（即儒略历的时间长度与回归年的时间长度日益增大），复活节的日期因此越来越晚。最终特伦托会议（1545—1563 年）决定任命教皇格列高利十三世进行历法的全面性改革。这场发生在 1582 年的历法改革，其目的通常被认为只是为了解决一个问题：儒略历的一年与太阳实际活动相差太远导致的不便。但是不要忘记，当时的人们对太阳绕地球运转深信不疑，因此才需要通过太阳的运动来了解地球。实际上，这场改革的目的更多是出于宗教原因。

从这个角度而言，月球的运动是非常重要的，正是它决定着复活节的日期。从尼西亚公会议到 1582 年改革已经过去了 1257 年，几乎等于过去了四个 308 年，这意味着教会的满月日期已经比天文学的满月足足晚了 4 天！起初，这场改革将一年的平均时间规定为 365.242 5 天，这里的"天"也就相当于格列历的一天，只需要在 400 年里承认有 97 个闰年，而在此之前，人们还在使用的儒略历则是 100 个闰年。对于月球来说，它的运动较为复杂，因此才产生了这种新的历法，一直被沿用至今。

最终，复活节的日期一定在 3 月 22 日和 4 月 25 日之间。实际上从历法推算的角度来看，教会的新月只能出现在 3 月 8 日至 4 月 5 日，满月将于此后的 13 天出现，即 3 月 21 日至 4 月 18 日之间。因此复活节的日期不可能是教会规定的 3 月 21 日春分，最早只会在 3 月 22 日出现。另一方面，如果 4 月 18 日是星期日，那么最近的满足条件的日期就是下一个星期日，也就是 4 月 25 日。

以 2019 年为例。天文学满月的时间为 2019 年 3 月 21 日，春分为 2019 年 3 月 20 日。因此天文学意义上的复活节应该是 3 月 24 日星期日。然而根据教会历法的推算，这一年的复活节是 4 月 21 日，因为教会的春分日已经固定为 3 月 21 日，所以下一个满月的时间为 4 月 19 日。上一次在 3 月 22 日过复活节的时间要追溯到 1818 年，下次在相同时间庆祝复活节就要等到 2285 年了。至于最晚的 4 月 25 日就离我们近得多了，是在 2038 年。

然而，如今复活节的日期可能还会面临变化。通常情况下，东正教在西方基督教庆祝完复活节之后的下一个星期日开始庆祝复活节。实际上，东正教现在还是在按照儒略历计算复活节的日期。将近 1700 年以来究竟统一在哪一天庆祝耶稣基督复活仍然是一个无法解决的困难。全世界的基督徒都希望可以在同一天庆祝复活节，阿尔勒理事会（公元 314 年）和尼西亚公会议（公元 325 年）的愿望目前仍未得到满足。此外，还有一种基于天文学满月和春分日期建立的第三种日期计算方法。这三种历法也有重合的周期，下一次重合的时间是 2025 年 4 月 20 日。

# 月球对潮汐的影响

11 点的钟声敲响了，现在该出门去市场了，何况水产店老板还广而告之今天的蛤蜊非常棒呢。不过蛤蜊和我们要讨论的星星有什么关系呢？蛤蜊是从海里拾出来的，但也只能在退潮时才可以捡到。如果水产店老板告诉我们一定会有很多蛤蜊，那是因为他早已知道今天有大潮。为了明白如何预测潮汐，现在我们把目光转向月球。

月球到底有什么秘密，为什么永远只有一面朝着我们，把自己的另一面藏起来呢？这个天体看上去完全没有自转。其实，月球和地球一样，也有自转，只不过比地球自转慢得多，它的自转周期长达 27 天 7 小时 43 分 11 秒。如果月球真的在缓缓自转，那么我们看到的月亮就并不总是同一面。不过刚刚忘记了一点，月球同时也在围着地球旋转——我们将这种运动叫作公转，这里要与自转区别开来，然而月球回到公转轨道起点的用时恰好与自转时间相同，即 27 天 7 小时 43 分多一点。这是一种巧合还是必然？在回答这个问题之前，我们首先需要试着理解，为什么从地球上看到的月亮（几乎）始终是同一面？

月球的自转和公转都是沿逆时针方向进行。由于自转和公转的时间相等，所以我们永远只能看到月球的同一面。比方说，假如月球自转到 1/4 位置，此时它也位于绕地球公转轨道的 1/4 处。因此这两种运动完美地达到了互相平衡的关系。

现在我们不再通过地球，而是从月球的角度考虑这个问题。换言之，我们把自己想象成月球上的居民，暂且就叫月球人吧（如果月球上真的有人，我们或许就可以给他们起这个名字）。他们看到的景象会是什么样呢？月球的一天非常长，时间超过了 27 个地球日，每个小时相当于地球的 29.53 小时。就像我们感觉自己身处宇宙中心一样，月球人也有同样的感受，他们也会看到太阳东升西落。如果居住在面向地球的绝佳方向，那么他们看到的地球始终是高悬天空，既不会升起，也不会落下。至于那些住在月球另一面的人，他们永远都没机会看到地球。然而，由于地球自转大约需要 24 小时，在月球自转的一天里，地球大约要完成超过 27 次自转。因此对于面向地球的月球人来说，他们可以看到地球的任意一面。

其实这种同步并非出于巧合，而是宇宙中作用力的结果，这种作用力无处不在——引力。任何天体都会通过引力将宇宙中其他物体吸引到自身周围。然而，引力作用的大小随距离的增加而减小，因此距离最近的物体比远处的物体更易受引力影响。尤其在地月系统中，引力的作用是相互的：月球吸引地球，地球也吸引着月球。如果这两个天体没有在太空中移动，它们就会彼此相撞！换言之，月球会向着地球做自由落体运动，并且会因其不断地靠近地球而显得越来越大。

我们经常会听到一种错误的说法：月球绕着地球转。事实并非如此。为了说明地月系统的运转，我们可以用链球运动员举例。与链球相比，运动员的体形要大得多；运动员和链球之间由一根钢制链条连接，这根链条扮演的角色就是地球和月球之间的引力。在扔出链球前，运动员要施加一个速度非常快的旋转力。如果松开链条，那么链条另一端的球会因向心力而立即从运动员手中飞出，这个向心力，我们在一切旋转运动中都可以感受到（比如旋转木马或急转弯的公路）。也许每个人都有不同的感觉。

现在我们来观察运动员的动作：为了在旋转的过程中保持平衡并抵抗链球产生的作用力，他需要用力向相反方向拉扯，这使得运动员自身也在旋转。因此我们可以看到，无论是链球还是运动员，都在做旋转运动。然而他们的关系是围绕其中一方旋转吗？不。其实他们都围绕同一点，我们将其称为重心，重心的位置基本位于运动员脚下（如果投掷链球的动作十分标准的话）。只要运动员没有将链球扔出，二者将一直旋转，最终会达到一种"平衡状态"。运动员通过旋转动作产生向心力，链条则发挥着保持平衡的作用。

对于地球和月球而言，二者运动完全与链球同理：两个天体受引力作用始终保持着彼此依附的关系。地球与月球围绕重心旋转，重心的位置始终位于靠近质量最大的天体一端。地球的质量是月球的 83 倍，它的重心位于地球内部，在距离地球中心 4500 千米的地方！月球和地球正是围绕这一点旋转。因此，地月系统围绕这一共同的重心自转并保持平衡。如果从地球的角度考虑，这意味着月球对地球产生的引力和地球产生的向心力保持了绝佳的平衡状态。如果没有这样完美的平衡，就不会有现在的地月系统。

　　我们知道一天有两次潮汐，它们的出现与月球引力有关。海水在翻涌时受力而被抬起，这个现象很容易理解：海水受月球引力产生潮汐。其实当地球面向月球的一端有潮汐时，地球的另一端同样存在潮汐，然而这里无法受到月球的影响。

　　这怎么可能呢？有两个原因可以解释这一问题。一方面，月球对物体（比如水滴、海洋、甚至苹果等等）的引力大小随着距离变化而不同。物体距月球越近，它受到的引力就越大。另一方面，向心力施加于整个地球，因此它的大小在地球各处都相等（这是因为我们在上文中提到的平衡状态）。在背对月球的一面，潮汐受向心力影响，微微隆起于地球表面，而面向月球一侧受到的引力比背侧大得多。这两种作用力互相抗衡，显然面向月球的一侧受到的月球引力会带来更强的潮汐。因此海洋便会远离地球中心，向月球的方向靠近，这就是我们说的"远离地球"。在背对月球的一侧，情况相反：月球对此处的引力远小于向心力，海洋在向心力作用下同样"远离"地球，产生与月球相反方向的潮汐隆起。

　　简言之，在面向月球的一侧，海洋主要受月球引力的影响，而在另一侧则受向心力的影响。因此无论与地球的

哪一侧相比，结果都是一致的，海洋都会产生潮汐隆起，
它们的方向始终受地球和月球的位置影响。

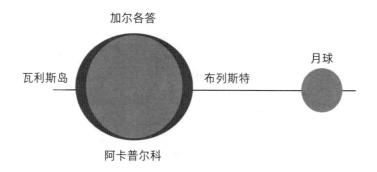

这种产生于地球两端的对称性隆起恰好说明，为何每
天在地球的同一点有两次潮汐，由于地球自转的驱动，每
个地点都会经历两次连续的潮汐隆起。满月和新月时潮汐
尤为强烈（我们将其称为朔望月），我们将这种潮汐称作
"太阴潮"，潮汐系数为95[1]。然而，太阳作用所产生的潮汐
要比太阴潮弱两倍多。当月相处于上弦月或下弦月时（也
称作正交月，因为月球和太阳处于90°关系），潮汐最为
微弱，这就是"太阳潮"（潮汐系数为45）。

--------

1 与大部分国家使用的潮汐表不同，法国通过潮汐系数预测潮汐情况，数值范围
为20～120，潮汐系数越高代表潮汐越大。——译者注

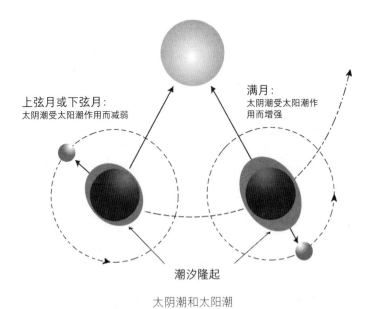

上弦月或下弦月：
太阴潮受太阳潮作用而减弱

满月：
太阳潮受太阳潮作用而增强

潮汐隆起

太阴潮和太阳潮

由于地球的运动速度比月球在运行轨道上的转速更快，因此月球在引力作用下不断减缓地球的自转速度（这里我们强调的是地球本身的自转，而非上文提到的围绕地月重心的旋转速度）。月球在某种意义上扮演着牧人的角色：引力是月球的套索，潮汐隆起就像飞奔的山羊，它要不惜一切代价将这只山羊紧紧拴住。地球用尽全力与月球的引力抗衡，最终还是筋疲力尽并将能量传递给月球，而月球顺势利用这些能量渐渐远离地球，在地月轨道上的运行速度也越来越慢。

因此，潮汐减慢了地球的自转，同时也使地球逐渐远离月球。如果地球自转变慢，也就意味着一天的时间逐渐增长。准确的数字是每个世纪的每一天都增加 1.7 毫秒，相当于每天增加了蝴蝶振动一次翅膀的时间。至于地月距离，地球和月球以每年将近 4 厘米的速度相分离。换言之，在一个世纪之前，一天的时间比现在短 1.7 毫秒，在两个世纪前，一天的时间比现在短 3.4 毫秒，而在一千年前，这个差异为 17 毫秒。地质学记录表明：6.2 亿年前，一天为 22 个小时，一年有 400 个太阳日。通过计算久远年代日食和月食的出现（假设地球以当前的自转速度运动）时间并查找历史记载中两种天文现象出现的实际时间，我们就可以测量出地球自转减慢的速度。因此，我们计算出的日食和月食发生的位置要比当时人们观察到这一现象时所处的位置向东偏离几千千米，这正是因为在古巴比伦时代或是古希腊时代，地球的转速比现在快。

为了更好地理解引力带来的转速差异，现在让我们望向遥远的未来。在 15 亿年后，地球的一天将比现在长 7 个小时。在 45 亿年后，太阳出现在地球地平线以上的时间，也就是一天的时间将达到 45 小时。对于月球而言，地月平均距离将增加 18 万千米，这相当于目前地月距离的一半。月球逐渐远离地球将直接导致月球在宇宙中的运行速度变慢。实际上，地月距离的增加也在逐渐加快，因此引力的作用也将迅速减弱，这也会使地球的自由落体速度降低。月球围绕地球完整旋转一周需要 48 天左右，它正在不可逆转地离我们远去，在大约 12 亿年之后，我们将再也无法看到日全食。因为与地球的距离太远，那时月球的视面积将无法完全覆盖整个太阳。

　　试想如果地球比月球转得更慢，或者说假设一天的时间至少是 648 小时（即现在一天时长的 27 倍），世界会是什么样子？这当然意味着一天的时间会非常长，工作时间也将变得无比漫长……然而月球的情况则完全相反。月球会通过引力作用使地球的自转不断加快，两个天体之间的能量交换方向也将完全颠倒。月球的能量将传递给地球，使地球的自转加快，因此二者的距离将不断减小，直至地球和月球相撞！比如火星和它的两颗卫星之一——火卫一就是这种情况，它们将在 3000 万年之后相撞。潮汐效应存在于整个太阳系，它对所有星体都有长期影响。

　　上文提到，潮汐由月球引起。月球减缓了地球的自转速度，但同时地球也以反作用的形式使月球的运动速度同步降低。地球的引力效应像一把巨大的钳子，迫使月球永远以相同的一面对着地球。如果月球转得太快，地球将使它的速度降低；反之如果转得太慢，地球又会使它加速运动。这是一种缓慢的振荡现象，历经数百万年才逐渐稳定下来。

总而言之，潮汐隆起是一种有益的天文现象。假如月球不在现在的位置，那我们也要想方设法制造出一个这样的天体。如果没有月球，就不会有地球百万年来一日两次的潮涨潮落，也不会有地球自转的减慢，我们也无法在退潮时捡到美味的贻贝或者蛤蜊，世界将完全变成另一副样子。

12:00

## 什么是世界时?


现在是巴黎时间的正午时分,此时里约热内卢还是早上 8 点,而北京已经是 19 点了。在全球化盛行的时代,信息在分秒之间传递于各个大陆,与相隔遥远的同事开会讨论工作已经不再是问题,所以我们需要在不同的时区之间找到适合所有人的时间。幸运的是,所有时区都有固定的范围,全世界都遵循相同的时间规则,否则,如果每个城市、每个地区都有自己的时间,那该怎么办呢?正如科技的进步和英语在全世界的传播一样,这种时区系统在某种意义上也是全球化的工具之一。天文学家们发明了格林尼治标准时间,将整个地球划分为数个时区。

格林尼治标准时间是所有人(或几乎所有人)都知道的概念,在法国,同样广为人知的还有其他不同领域的术语,比如最低工资标准、社会普摊税、公民建议公投、联合国、国际货币基金组织……但我们是否知道它所代表的含义呢？通常，我们知道格林尼治标准时间和世界时有关，甚至知道这指的是伦敦南部一座名叫格林尼治的小城时间。或许有人还能推断出这可能代表格林尼治子午线时间，也就是本初子午线时间。而我必须要说的是，这个容易令人混淆的概念是由我们隔海相望的英国邻居创造出来的。尽管当时全世界从未在合法性与合规性上规定格林尼治时间等同于世界时，但格林尼治标准时间的概念早在20世纪已经广为人知。然而近一个世纪以来，国际天文组织始终不遗余力地消除这一混淆概念。1978年在法国，协调世界时正式取代了格林尼治标准时间，但有谁了解协调世界时呢？格林尼治标准时间的概念简直像野草一样，任凭怎样努力也无法彻底消灭。

实际上，所谓的格林尼治标准时间是指格林尼治平太阳时。就标准参考时间而言，只有天文学家规定的平均时间才是真正的时间。对于所有人来说，每个人都有自己的时间，那就是手表上显示的时间。当我们讨论正确的时间时，并非为了强调每个人的手表时间都正确。相反，事实却是很多人的手表都会产生走时过快或过慢的情况，因此显示出错误的时间。实际上，正确时间的参考标准是指太阳的日常运动，没错，就是我们熟知的挂在天空中的那个太阳。

　　平均时间参考的是平太阳的活动情况。实际上，我们无法观测到平太阳，只能根据假想进行演绎，这是一个纯粹的数学计算过程。平太阳和真太阳的区别在于平太阳每天的运动速度保持一致，而真太阳情况却不同，这是地球自转的不规律性以及它在宇宙的公转造成的。无论是平太阳日还是真太阳日，一天的开始都是从平太阳或真太阳穿过观测所在地的子午线，也就是南北方向的经线开始。从此时到太阳下一次穿过子午线的时间就是一天的时间，即24小时。因此，真太阳时为0点就意味着真太阳恰好位于观测所在地的子午线上。

　　出人意料的是，我们的手表显示的时间并不是真太阳时，而是在平太阳时的基础上增加了12个小时。由于平太阳时规定太阳经过子午线的时间是正午，而民用时的太阳经过子午线时间为0时，为了避免混淆，我们在此提出民用时的概念。另外，"子午线"（méridien）的词源来自拉丁语 meridianus，意为"日中、南方"。在任意的既定时间，两个不同经度地点的真太阳时即地方时并不相同，地方平太阳时也不同。比如，巴黎的民用真太阳时为正午，格林尼治的时间则为11时50分39秒，因为格林尼治位于巴黎以西 2° 20′ 的位置（经度的范围为 0°～360°，时间的范围为 0～24 时，只要经过简单的计算，就可以得出地理位置与时间的关系）。然而斯特拉斯堡此时的时间为 12 时 21 分 35 秒，因为斯特拉斯堡位于巴黎以东 5° 23′。因此，格林尼治标准时间是以格林尼治子午线为准的平太阳时，但并不能作为真正的世界时。我们将在下文讨论，世界时代表民用时，而非平太阳时。为什么协调世界时和世界时会有这样混淆的概念，而世界时到底又是什么时间呢？

为了搞清楚这两个问题，还要回到 19 世纪。一切都要从铁路说起。19 世纪 30 年代，英国的第一条铁路正式投入使用。随后，电报的发明使得人们可以远距离发送瞬时信息。从 1847 年开始，大部分铁路公司采用格林尼治时间。之所以采用格林尼治时间，是因为皇家天文台位于此处。作为全世界天文台的参考标准，格林尼治皇家天文台的职能之一就是尽可能精确地测定天文时间。不过这只是为了服务于铁路行业，各个城市则继续使用当地时间。

直到 1891 年，法国也出现了此前英国遇到的问题：既有当地时间，又有铁路时间，也就是巴黎平均时间。由于铁路的时间始终保持一致，所有火车都需要按该时间运行，因此，所有铁路公司都必须严格遵循时刻表，从而避免因时差造成列车相撞的事故。为了避免旅客错过车次，发车时间总是晚于时刻表规定的时间，这是当时法国一个非常特殊的现象。

因此，当时的火车站都悬挂着三个表盘：当地时间、外面的巴黎时间（列车时刻表时间）以及车站内比巴黎时间晚5分钟的站台时间，通常这也是列车的实际运行时间。所以那些迟到的旅客仍然有5分钟的时间避免错过火车，不过也正是这三个表盘为迟到的旅客生动地上了一课，教他们明白"眼下顾太多，赶不上火车"[1]这句谚语的真正含义。然而实际上，比巴黎时间晚5分钟所对应的是位于巴黎以西1°15′的鲁昂时间。所以火车运行实际参考的是鲁昂时间，而非巴黎时间。我们无法确定这种方法是否真的有用，但它一直被沿用至1911年。

登上喷着蒸汽向前飞驰的列车后，对于旅客而言，事情似乎变得更为复杂：他们必须把手表的时间调至目的地的时间。实际上，每个城市都按照各自所在经度而使用当地时间。铁路尚未问世之际，斯特拉斯堡和巴黎有30分

---

1 法国谚语，意指做事不应同时兼顾多个目标，否则将一事无成。——译者注

钟的时差没有任何影响，那时的人们也不需要在电视机前等待 20 点播放的新闻播报。当列车到达目的地时，旅客需要将时间按照同一个子午线时间进行校准，也就是"参考子午线"。法国的参考子午线是巴黎子午线，英国则是格林尼治子午线。因此在同一国家内，时间逐渐统一，法定时就此出现，也就是参考子午线的平太阳时。1851 年，法国与英国的第一条海底电缆开始建设，第一条跨大西洋电缆将在 19 世纪 60 年代安装使用。两个国家之间的电信互通使跨国时间以及全世界参考子午线的问题再次进入公众视野之中。很快，这条子午线被确定下来，被命名为"本初子午线"。这个建议最早是一位匿名的通信员在 1851 年的《伦敦时报》中提出的。

其实这并不是一个全新的想法。早在古希腊和古埃及时代，人们已经定义出了参考子午线，这条经线位于当时已知的世界最西端，即加那利群岛的铁岛子午线。1634 年，黎塞留主教在巴黎组织了一场世界性会议，随后路易十三于 1634 年 4 月 25 日颁布法令，规定铁岛子午线为本初子午线。为了简化数字，地理学家纪尧姆·德利尔（Guillaume Delisle）规定这条子午线位于巴黎以西 20° 的位置。因此，铁岛子午线与巴黎子午线联系在一起，最终与巴黎子午线划为等号。

最后，如果各个国家可以将铁岛子午线应用在各自的陆地版图，国家天文台和首都的时间也没有任何问题，可是海洋地图就是另外一说了。英国的航海业在当时的世界上占据着绝对优势，尤其是天文船钟的装备，具体的表现就是航海地图。不同的航海地图所参考的子午线也不同，在海上贸易领域，70%的船只采用的是格林尼治子午线，其余可细分为十几种子午线（格林尼治子午线、巴黎子午线、加的斯子午线、那不勒斯子午线、铁岛子午线、普尔科沃子午线、斯德哥尔摩子午线、里斯本子午线、哥本哈根子午线、里约热内卢子午线等）。这些不同的子午线可能会导致在海上航行时定位混乱，埃尔热的《红色拉克姆的宝藏》就讲述了这样的故事[1]。

因此，统一混乱的子午线已经成为当务之急，所以人们分别在1871年的安特卫普和1875年的罗马举行了两次国际地理大会，最终就子午线问题达成一致：将格林尼治子午线定义为本初子午线。这项决议于1884年华盛

---

[1]《红色拉克姆的宝藏》是比利时作家埃尔热的作品《丁丁历险记》故事之一。其中一处情节讲述了弗朗西斯爵士采用法国航海图绘制了寻宝图，因此使用的是法国子午线，而丁丁一行人则误以为该子午线为本初子午线，因此按照错误的方向在海上航行数日。——译者注

顿国际子午线会议上通过国际认可，这次会议召集了来自 26 个国家的 41 名代表。选择格林尼治子午线作为本初子午线应该作为一项标准共同执行，然而"法兰西精神"是否接受这一决议则另当别论了。

格林尼治子午线遭到了法国人的拒绝，这事关法国国民的敏感度。自从罗马会议以来，法国认为接受将格林尼治子午线作为世界共同参考的子午线已经说明自己向这一强制性规定妥协了，然而"本初子午线"的"本初"二字却一举抹杀了所有法国天文学家在过去一个世纪中对大地测量学领域发挥的重要作用，尤其是巴黎子午线的重要意义（因为巴黎天文台恰好位于巴黎子午线穿过之处）。正是经过法国天文学家的探索，科学界才确定了地球的形状，创立了公制单位，米作为长度单位得到了全世界的认可。按照法国大革命的精神，米这一单位"适合所有人和所有时间"。然而，英语国家却对此两耳不闻，他们指责米的制定仅仅参考了巴黎自己的子午线[1]，这个单位只是一种表面上的中立。不是所有的子午线都有平等的地位。

这场讨论在一个世纪之后的华盛顿会议上再次展开。

---

1 本书第一章提到，在 1983 年米被定义为"光在真空中 1/299 792 458 秒通过的距离"之前，米的测量必须在巴黎子午线进行。——译者注

这一次法国人决定做好充分的准备，1884 年 8 月 1 日，法国成立了一个专门的委员会，旨在解决经度和时间的统一问题。经过委员会的讨论，法国认为巴黎子午线已经彻底失去了争取主动权的机会，因此委员会决定从战略上捍卫本初子午线的中立性，这条子午线应该是一条真正具有国际意义的子午线，它不穿过任何一个国家。其实委员会想方设法就是为了避开格林尼治子午线，但由于当时通行的大部分航海地图都与格林尼治子午线有关，因此出于经济方面的考虑，只能继续使用，否则人们只能重新绘制所有地图。由于著名的华盛顿会议决议以及此前英国在航海领域的地位，加之执行决议的人志在必得，于是这样一个决定从此被保留并沿用至今。

因此，我们经常读到或听说法国为了捍卫巴黎子午线，抵制格林尼治子午线，却并未表态支持将铁岛子午线设为参考子午线，这样也就等同于勉强接受将格林尼治子午线作为本初子午线，以此换取国际社会对公制单位的认可。另外，华盛顿会议还会确定是否建立时区系统并将格林尼治标准时间作为世界时。

现在让我们来恢复事情的真相。法国希望讨论的是关乎本初子午线的中立性原则。本初子午线的选择不应取决于"哪条子午线使用的人数最多，哪条就应该被定义为本初子午线"。因此只有两个可行的解决方案：将穿过亚速尔群岛的子午线确立为本初子午线，或者将穿过白令海峡的子午线定为本初子午线，因为白令海峡所在的水域是美洲和亚洲的分界线。这样的建议一定会被驳回，因为地理上根本不存在一条这样的子午线，所以华盛顿会议才将穿过格林尼治天文台的子午线定义为本初子午线。最终，这次会议只通过了法国关于"希望恢复旨在规范和扩展十进制系统的应用并将其扩展到角度和时间划分的技术研究"这项诉求。除此之外，将巴黎子午线定为本初子午线则只是法国一厢情愿，从未实现。会议还确定了以格林尼治子午线为起点计算 0°～180° 经线，指示东西方向的弧线。

那么东经或西经 180° 的时间如何计算呢？这条经线是日期变更线，两边时刻不变，但日期有一天之差。时区系统是一位在加拿大太平洋铁路公司工作、名叫斯坦福·弗莱明（standford fleming）的工程师在 1879 年提出的，他也大力推动了时区在全世界的普及。这一系统将地球划分为 24 个时区，每个时区跨越 15 个经度。在每个时区内，人们使用中央子午线所在的时间。中时区是被两条 7.5° 经线包围的区域，位于格林尼治以东或以西，比格林尼治时间早或晚 30 分钟。尽管斯坦福·弗莱明出席了华盛顿会议，但关于时区的提议并未被采纳。不过，华盛顿会议规定了世界时范围从 0～24 时，起始点民用时从格林尼治时间的午夜开始。毫无疑问，格林尼治标准时间并不是我们在前文明确提到的民用时，因此也不是世界时。格林尼治标准时间这一概念可以追溯到 19 世纪，在此之前，它以各种各样的称谓存在于航海年鉴中——格林尼治平太阳时、格林尼治平均时间、格林尼治标准时间等，最终才正式确定为格林尼治标准时间。

按照格林尼治时间，所有国家将各自的当地时差设置为整数。法国则根据 1891 年 3 月 14 日颁布的法令，首次使用"法定时"，并以巴黎子午线为参照标准。直到 1911 年 3 月 9 日才按照新法令规定使用格林尼治时间，并将法定时在巴黎子午线时间的基础上后推了 9 分 21 秒。我们知道时间对于列车行驶的重要性，因此邮电部的国务秘书当天也颁布了法令，宣布"即日起取消火车站内与站外时刻相差 5 分钟的时间差异……站外与站内时间在原来的标准下分别推迟 9 分钟和 4 分钟"。从 1911 年 3 月 9 日 0 时开始，火车站内三个时钟彻底消失了，取而代之的是一个指示格林尼治时间的时钟。火车在站内只延迟了 9 分钟，因为铁路时间不使用秒。就这样，在 1911 年 3 月 9 日的这一天里悄然消失了 9 分钟，诗人拉马丁的心愿实现了，他在诗中曾写道：

> 啊，时间，请停下你的脚步！
> 人们啊，请尽情享受这美好的时光！
> 快停下手中的琐事，
> 让我们尽情享受这稍纵即逝的欢愉，
> 我们生命中最美好的时光！

华盛顿会议无疑是全球化最早的表现形式之一，而格林尼治标准时间则是全球化最早的载体之一。1919 年，天文学家们决定彼此相聚成立国际天文学联合会，以此为世界时命名，此前这一概念始终没有官方名称，人们将其称作格林尼治民用时而非格林尼治标准时间。1925 年，国际天文学联合会采用了新的称谓，自此这一时间有了新的名字——世界时（法语缩写为 TU）。格林尼治标准时间的叫法在 1928 年曾引起过争议，但当时天文学界并未采取措施，这一叫法得以延续。1972 年，一个新的世界时概念产生了，即协调世界时（UTC），这不再是以格林尼治子午线为准的格林尼治标准时间了，而是一种基于国际原子时的时间范畴。这一概念的转变始于 1978 年 8 月 9 日，法国颁布法令宣布法定时以协调世界时为准——从词源学的角度而言，这并非"法定时"，而应被称作"法令时"，因为它出自一条法令，这条法令生效的同时也废止了 1911 年通过格林尼治标准时间的法令。

最后要说的是，最近一条关于法定时的法令颁布于 2017 年 3 月 6 日。2017 年法令与 1978 年法令唯一的不同之处在于前者考虑到协调世界时由国际计量局（BIPM）制定，而不再由国际时间局（BIH）制定。这是因为国际时间局建立于 1912 年，并于 1920 年并入巴黎天文台，直至 1987 年该机构解散，同时诞生了两个全新的部门，其中一个归入国际计量局，另一个于 1988 年并入国际地球自转和参考系服务处，位于巴黎天文台。有些讽刺的是，法国在 1884 年失去了本初子午线的命名权，却在 1912 年夺回了世界时，也就是格林尼治时间。

然而，所有人似乎都忘了一件事情，那就是法国的法定时与协调世界时相差一到两个小时——由于季节时间的存在（即夏令时和冬令时），为了简化和便于理解，我们可以把法定时与格林尼治标准时间视为同一概念，虽然协调世界时与格林尼治标准时间没有任何关系。不过，将法国看作格林尼治时区的一部分也是很自然的事。现在让我们回忆前文，斯特拉斯堡和格林尼治时间只相差 30 分钟。划分时区的目的在于，使太阳穿过子午线时，当地时间尽可能接近于日中[1]。

法国却是另外一番情况，太阳的正午一般出现在冬令时的 13 时或夏令时的 14 时，因此法国被认为在冬天时位于东一区，即比中时区快一小时。以柏林为例，它位于格林尼治以东 13° 24′，因此比格林尼治时间快大约 54 分钟，所以我们自然会认为柏林位于第二个时区，也就是冬令时的东一区。因此，日中发生的时间大约对应当地法定时的中午。

我们可能会认为法国人喜欢把 13 时看作日中，然而这种稀奇古怪之事并非为了刻意表现法国人对背信弃义的阿尔比恩人[2]充满质疑：正是因为某些人违背原则才导致法国人不得不接受本初子午线。毕竟 1911 年法令规定的

---

1 时区的概念建立于真太阳时，与平太阳时不同的是，真太阳时规定一天开始于日中，这里需要加以区别。——译者注

2 阿尔比恩（Albion）是英国大不列颠岛的古称。在西方文化中，"背信弃义的阿尔比恩人"这一说法通常指某些国家在外交上表里不一。——译者注

是以格林尼治标准时间为法定时，而不是以东一区时间为法定时。这还要追溯到德侵时期，"德国时间"即欧洲中部时间（东一区时间）。自1941年起，法国国家铁路公司在德占地区要求实行欧洲中部时间——我要强调的是，要求实行德国时间的并非侵略者，而是法国国家铁路公司。因此法国境内的列车必须执行同一时刻表。即便在法国解放之后，事情仍未得以改变。这也是"二战"结束后的众多历史遗留问题之一——法国列车使用德国时间，从格林尼治子午线驶回了德国！

如果说1884年华盛顿会议确立的世界时只是一段遥远的回忆，那著名的格林尼治子午线也无法永远存续。从1947年开始，严重的光污染使得格林尼治天文台的观测条件受到极大破坏，因此天文台迁址于东南方向70千米之外的赫斯特蒙索城堡。新的天文台被命名为格林尼治皇家天文台，因此原本与格林尼治天文台旧址相对应的本初子午线也不再是新天文台所在的子午线。真是一个有趣的轮回。

1884年华盛顿会议中，法国代表建议应选取一条中立的子午线，然而英国和美国代表却坚决反对，理由是本初子午线经过的天文台必须为一流的天文台，并且具备大型的天文观测仪器以确保时间测量的准确性。此外，这条子午线所经之地必须是真实存在的，只有格林尼治天文台可以执行这一职能。1851—1927年间，艾里子午圈发挥着为格林尼治皇家天文台"掌管时间"的作用。皇家天文台竭尽所能，提供了所有必要保证，因为该天文台"位于政府监管领地的重心，未经政府同意，没有任何心存不轨之人可以接近此处"。法国代表——天文学家朱尔·让森则支持中立子午线的观点，即这条子午线不经过任何天文台或国家。按照他的观点，这条子午线不必穿过真实存在的某地，只要借助某些广为人知的天文台作为相对位置，清楚地定义出本初子午线的坐标即可。

最终，时间证明了朱尔·让森的观点。如今的本初子午线已不再通过地球的某一位置定位，而是借助全球卫星定位系统确定地球上的位置，现在本初子午线的位置位于格林尼治天文台子午线以西154米的地方，即以西角度偏5°，游客们都喜欢在这条线上拍照留念。巴黎子午线也同样如此，它位于当费尔－罗什罗大街的巴黎天文台，这是一座充满历史意义的建筑，三楼的白色大理石地面镶嵌着32米长的黄铜线，同样是游客钟爱的旅游场所。

此外，新的子午线位置也会有改变，因为各个大陆板块都在移动。在英国，经度以每年 25 毫米的速度移动。所以让森在 1884 年所提的观点完全正确，他唯一的错误就是捍卫了"中立"子午线，其实他本该坚持的应该是"虚拟"子午线的概念。不过，虚拟世界还不就是我们每天的日常现实吗？

## 13:00

# 日食：白天现身的月亮

为了准备一顿下午 1 点享用的午餐，还有什么比一顿速食更方便快捷的呢？只需在微波炉里加热几分钟，一顿饭就做好了，但仍然需要通电才能让微波炉加热饭菜。近年来，随着可再生能源发展，尤其是光伏发电的发展如此之快，以至于一场日食都可能对每个人的用电带来影响。

比如 2015 年 3 月 20 日发生的日偏食就使得发电厂的工作受到了影响。这场日偏食从荷兰到阿尔萨斯都可以观测到。当时的发电厂不得不想方设法利用光伏发电以外的方式进行发电。由于日偏食导致光线不断减弱，光伏发电设备无法提供足够的电力满足人们的需求。

为了避免气候变暖加剧，增加可再生能源（特别是光伏发电）的使用已经成为必然要求。我们可以试想有朝一日日食一定会给供电设备带来严重问题，特别是日食出现的频率比我们想象中高得多。为了克服这一困难，我们需要回到决定日食出现的两个基本条件。首先是月相，必须是新月。月球位于地球和太阳之间并且与太阳处于同一方向，不过这还不足以形成日食。太阳、月球、地球必须尽可能处在同一水平线，仿佛是同一根车轴上的三个轮子。这种情况一年只会出现两次。

月球、地球和太阳并非在同一平面内运转。月球在其中扮演入侵者的角色。与地球和太阳在同一平面内运行相比，月球的轨道实际上稍有倾斜，不过倾斜的角度很小，略大于5°。然而这样的角度也足以使得天空无法每月产生日食。新月出现时，通常会位于地球和太阳轨道平面之上或之下。当月球与二者处于同一平面并且为新月时，就会产生日食。这个平面被命名为黄道面。当月球位于这个平面内时，我们就称此时月球位于白道[1]与黄道的交点之一。

月球与黄道的交点是日食产生的关键。新月出现的同时，月球位于白道与黄道交点，这种概率一年只有两次。因此在一年内，地球、月球、太阳这一平面系统可以形成

---

1 即月球的公转轨道。——译者注

两次日食。如同气旋季和雨季，我们将这一时间称作"食季"。其实日食发生的周期并不一定是精确的6个月（一年两次，即每182天出现一次日食）——否则日食每年都会出现在相同的时间，甚至是同一日期——不过，从日食出现的平均时间来看，实际上日食的周期为173天，即每年日食出现的时间比前一年早18天左右。之所以产生这种差异，是因为月球轨道与黄道的交点随着时间的增加而缓慢改变。总体而言，我们可以认为每年至少出现两次日食，对于日食出现较多的年份，甚至可以多达五次。其实日食只不过是地球被月球影子遮挡而产生的阴影，月影的直径最多也只有数百千米，从地球上看只是一条极细的线，而且每次日食的形状也各不相同，因此才使人认为这是一种十分难得的天文现象。

最近一次媒体大幅报道的日食出现在2017年8月21日，范围自西向东覆盖了整个北美大陆。这次日食的特征基本与1999年我们观测到的日食一致：时间长度、阴影面积、日期等，唯一的不同在于日食方向出现在此前日食以西120°方向。这并不是一次简单的巧合，实际上，我们应该知道日食出现的时间并非偶然，而是按照沙罗周期[1]循环往复。迦勒底人早在公元前几千年就已知晓，沙罗周期为18年10天8小时或18年11天8小时（10天或11天取决于这一周期中有4个或5个闰年）。

　　为了更好地理解这一问题，现在让我们回到月食发生的时刻：1个朔望月为29.530 588 85天，那么我们再次看到日食且月球经过同一交点需要间隔几个朔望月？回答这个问题，需要了解月球多久才能回到相同交点，答案是27.212 220 8天（交点月）。朔望月和交点月的时间并不相同，这是因为月球与黄道面的交点在缓慢移动，交点经过月球公转轨道一周需要18.6年。经过1个朔望月后，我们会看到下一个新月的月相，但此时月球与黄道面的交点已不再是上次新月所在的交点，且新月出现的时间比上个月早2天左右，因此不会产生日食现象。在经历2个朔望月后，月球经过交点的时间将提前4天，以此类推。我们需要据此推算出，经历几个朔望月之后，新月才能回到同一交点。答案是223个朔望月，大约6 585.3天，因为在相同时间内，月球与黄道面的交点将围绕月球公转轨道绕行产生242个交点月，时间大约是6 585.3天。

---

1 即日食和月食发生的一种周期，每过一个沙罗周期，地球、太阳和月球就会回到原先的相对位置。——译者注

天数一致代表新月与交点重合。因此在经过大约6 585.3 天后,新月将重新回到同一交点,产生新的日食,我们可以将其称为此前日食的同系日食。这一时间为 18 年 10 天 8 小时或 18 年 11 天 8 小时。多出的 8 小时恰好说明了此次同系日食出现在上次日食以西 120°的地方。实际上,如果没有多出 8 小时,两次完全相同的日食会恰好相隔 18 年 10 天或 18 年 11 天出现,并且发生在地球的同一位置。正因为有 1/3 天的差距,地球才会多转 1/3 圈,也就是 120°偏西的方向,使得日食向着与地球自转相反的方向偏移,即向西移动。

2017 年美国出现的日食就是 1999 年欧洲日食的同系日食。与其他同系日食出现的周期相同,美国日食也是在欧洲日食发生的 18 年后出现。这也意味着每次日食都随时间变化而不同,每次日食都有自己的故事、各自的同系日食以及独有的特征,我们甚至可以将其称为日食的基因。然而同系日食并非亘古不变,它们同样会经历出生、成长和消亡的阶段。实际上,在经过一个沙罗周期,也就是大约 18 年后,日食已经和上一次同系日食有所不同。从某种程度上来讲,这是日食衰老的过程。事实上,日食发生的位置已经向北或向南移动了约 300 千米。因此在经历三个沙罗周期（也被称作转轮周期）之后，同系日食应该在日食最开始产生的地方出现，这是因为每经过一个沙罗周期，日食都会向西偏离 120°，因此 $3 × 120° = 360°$，即绕地球一周。但这并不能说明三个沙罗周期后可以在地球同一位置观测到日食。比如到了 2053 年，1999 年的日食经历三个沙罗周期，即大约 54 年后将向南偏移 1000 千米左右。因此，这场日食的观测地点将是马格里布[1]，而非 1999 年的欧洲。

　　食系总是从一个端点开始，然后缓缓到达另一个端点结束，它的一生就此完结。这种缓慢运动，平均周期为 13 个世纪。每个食系没有具体名称，而是通过编号方式与其他食系加以区分。因此，尽管一年至少有两次日食，但它们都不属于同一个食系，因为每个食系的日食间隔 18 年才会再次出现。

　　影响日食的机制同样适用于月食，原理也相同，也就是月球经过与太阳同一平面的两个交点之一，唯一不同在于此时月相为满月。食季到来之际，也就是月球与黄道面位于同一平面内，在其中一个交点处一定会发生日食，而

---

1 位于非洲西北部地区，地中海南侧，与欧洲隔海相望。——译者注

在另一交点处一定会发生月食，二者间隔 15 天——半个朔望月，这也是新月到下一个满月的时间。我们可以就此得出结论：尽管还是存在一定误差，如果仔细记录 223 个朔望月内的月食日期，就可以预测相应的日食时间。

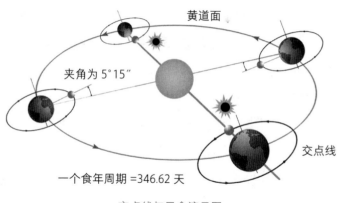

交点线与日食演示图

早在公元前 700 年，古巴比伦和中国的天文学家就可以用这种方法预测日食和月食的时间，尽管在准确性上有待提高。古人们也注意到月食平均五到六个月就会出现，日食则在月食产生的前后 15 天出现，不过，那时他们还无法预测在地球的哪个区域会受到影响。因此，反复观察即可通过经验总结规律，这种方法十分简单，不需要任何物理学解释或对此天文现象的理解。无论是天文学家还是历史学家，通过他们记录的日食和月食，就可以非常准确地确定历史事件的日期。

　　历史学家希罗多德曾经讲过关于吕底亚[1]和米堤亚[2]之战的故事。这场著名的战役因为一次日食中断，当时的数学家和哲学家泰勒斯此前就预言了这场发生于公元前585年5月28日的日食。日食严格遵循着特定的时间规律，摸清这些规律是人类在科学探索中的一次飞跃，人们也进而建立了年表并充分了解了太阳和月球的复杂运动。

---

1 公元前12—前5世纪位于小亚细亚的奴隶制国家。——译者注
2 与吕底亚同时期的古伊朗王国。——译者注

# 14:00

## 炎炎夏日是糟糕的天气吗?

盛夏午后的 2 点是一天中阳光最为强烈的时候，这是真正的酷暑。热衷于词源学的人会注意到，canicule（酷暑）这个词的一部分来源于拉丁语 *canis*，意为"狗，犬"[1]（比如"狗的品种"）。然而酷暑真的与字面意思一样，代表"狗天气"[2]吗? 虽然某种程度上的确如此，不过"狗天气"真正来临时，我们也不会把狗放在外面。为了解决这个和法语有关的谜题，我们需要追溯遥远的历史，将目光望向星空。

故事始于 5000 多年前的古埃及古王国时期。埃及的农业和百姓的生命与尼罗河紧密相关。河水自非洲东部的高山流下，最终汇入地中海。每年七月都是洪水泛滥的季

---

1 法语 canicule，意为"酷暑"。——译者注
2 在法语中，人们将糟糕的天气形容为"像狗一样的天气"。——译者注

节,大水淹没了农田和堤岸。土地得以灌溉,河水带来的淤泥又赋予了农田充足的养分。古埃及时期有人发现,尼罗河会在天狼星(古埃及人也将其称为索普德特)黎明时分首次出现前泛滥——我们称之为偕日升[1],这一次发生在7月17日。

实际上,随着时间一天天过去,天狼星每天从地平线升起的时间都会比前一天更早。因此总有一天,天狼星将在黄昏时分最后一次落下,也就是日落后不久。在接下来的70个日夜里,天狼星不再出现,直到下一次偕日升出现。我们在这段期间无法看到天狼星,这是因为此时的天狼星所在的高度被太阳强烈的光线完全淹没了。

大约公元前3000年,7月17日这一天也是夏至,此时小天狼星的偕日升和尼罗河汛期也随之而来。因此在古埃及人看来,小天狼星是一颗圣星。在埃及神话中,它是至高无上的太阳神——拉的女儿伊西斯的化身,伊西斯是奥西里斯的妻子(也是他的妹妹),而代表奥西里斯的星座猎户座则位于天狼星右边,猎户座从地平线升起的时间比天狼星略早,二者仿佛屹立于天际的帆船之中。奥西里

---

[1] 恒星在地平线以下停留一段周期之后再次从东方地平线上升起的现象。——译者注

斯是冥界的主人，也是古埃及神话中的第一位国王。他被封为重生之神，并向人类传授了农业和文明的奥秘。相传，奥西里斯被心怀嫉妒的弟弟萨特杀死，尸体被割成数块。为了找回奥西里斯的尸身，伊西斯，也就是天狼星走遍了整个埃及，所以它才会在这 70 天里从人们的视野中消失，因为伊西斯需要时间将奥西里斯的尸身复原。因此，天狼星和尼罗河洪水的再次出现，也意味着亡魂在冥界久经徘徊之后得以复生。

在当时，底比斯是埃及主要的天文中心。根据底比斯所在的纬度位置，掌管尼罗河汛期的天狼星两次连续的偕日升相隔时间为 365.250 7 天——比一个春分点回归年多约 12 分钟，这意味着天狼星每年偕日升的时间将越来越晚。不过我们要等上 120 年，偕日升年和回归年的时间才会相差一整天。回溯古埃及长达 3000 年的历史，数个 120 年导致了 25 天的延迟，这个时间与洪水日期的变化相一致，因此当时的人们完全无法感觉到这一差异。

对偕日升的观测促进了 365 天日历周期的发展，一年被分为 12 个月，每月固定为 30 天。多出的 5 天被古希腊人称作闰日。但实际上，这一年中并没有增加闰月或在某个月内增加闰日。所以对于古埃及人而言，每过四年，季节交替的时间就会推移一天，这种差异对他们来说无足轻重。拉丁语将这种季节存在一天偏差的民用年称为 *annus vagus*，即"徘徊年"，这个名字也被不恰当地转述为"模糊年"。在这 3000 年中，由于春分点回归年比儒略年短约 11 分钟，夏至一共提前了 23 天。

古埃及人本想继续沿用这一简单的历法，他们并未打算纠正日期的偏移问题。偕日升的日期回到与某一年份相同的日期需要经历 1460 个埃及历年（我们将 1 个埃及历年看作 365 天，因此偕日升每年会偏差 0.25 天——每四年相差一整天。为了达到相差 365 天则需要 365÷0.25＝1460 年，才能回到相同日期）或 1461 个儒略年（一年为 365.25 天，相同的计算方法，即 365.25×4），这段时间被称为"天狗周期"。对于天文学家而言，埃及历法固定为 365 天的一大优点在于，可以非常简便地精确计算出两个日期之间的天数，因为每年的天数都相等，这也是中世纪天文学家沿用埃及历的原因。

埃及历法可以与儒略历相联系，这还要归功于古罗马作家肯索里努斯（Censorinus）的推算。公元 139 年 7 月 20 日与埃及历天狼星偕日升的日期相对应，这一天也是托特月的第一天，即埃及民用年的第一天[1]。古埃及历法以天狼星偕日升为一年之始。由于天狗周期为 1460 年，那么古埃及历法制定的时间则需要在肯索里努斯提到的日期倒推两个天狗周期，就是公元前 2782 年（从公元 139 年减去两个天狗周期），也是建造吉萨大金字塔前的几百年。天狼星偕日升是古埃及历法中少有的天文学要素。

后来，古希腊和古罗马人在埃及历法的基础上对天狗周期做了调整，古希腊人将天狼星称为"索提斯"。不过，古希腊和古罗马利用天狼星计算历法的方法与古埃及并不相同。罗马人发现，夏天与旱季的到来总是与天狼星偕日升息息相关。天狼星是大犬座的主星，拉丁语为 Canis Major。很快，罗马人就习惯将天狼星称为"犬星"。对于希腊人而言，天狼星偕日升也是火灾和瘟疫的代名词，在他们看来，天狼星是"死亡之星"。此外，狗是一种非常怕热的动物，过去，人们将犬科动物的喘息视为狂犬病的前兆，只要被病犬咬伤，任何人都难逃一死。最早将天狼星作为灾星记载的史书是《伊利亚特》，创作于公元前 8 世纪。书中记载，阿基琉斯在特洛伊城墙前与赫克托耳战

---

1 上文提到，古埃及历法规定一年为 12 个月。一年从托特月开始，约为公历年的 7 月 19 日前后。——译者注

斗，他的铠甲如同天狼星一样耀眼。

　　"老王普里阿摩斯首先看见他奔来，如同星辰浑身光闪地奔过平原。那星辰秋季出现，光芒无比明亮，在昏暗的夜空超过所有其他星星，就是人称猎户星座中狗星的那一颗。它在群星中最明亮，却把凶兆预告，把无数难熬的热病送来可怜的人间，阿基琉斯奔跑时胸前的铜装也这样闪亮。"[1]

　　如今，天狼星已不再是尼罗河泛滥或酷暑的象征，因为它在开罗纬度的偕日升时间已经推移到 8 月 3 日，在巴黎纬度的偕日升时间则为 8 月 21 日。然而，天狼星在每个年末的位置也有所不同。实际上从 12 月 31 日夜晚到 1 月 1 日，天狼星在凌晨到来之际到达天空顶点，此时恰好位于子午线上，即天狼星在此时指示正南方向（在北半球指向正南，或在南半球南纬 17° 以南指向正北）。只需看到天狼星偕日升，埃及人就可以确定一年开始的时间。出于对古埃及的致敬，在古希腊和古罗马时代，天狼星仍然是新年伊始的标志。

---

1 摘自《荷马史诗》第二十二卷，罗念生版译文。——译者注

## 15:00

## 圣诞树顶的星星

12月24日的下午，怎样安顿家里的孩子们呢？随着圣诞晚餐和随后的拆礼物环节即将到来，这算是他们精力最旺盛的时候了，装饰圣诞树是一个让孩子们消磨体力的好办法。午饭之后稍作小憩，下午3点左右就可以将圣诞树装饰完毕了。不过，为什么大家都要在圣诞树顶端放一颗星星呢？

与其他和圣诞节有关的习俗一样，要想找到这个风俗的起源，还要回到《四福音书》中。我们知道东方三王正是在一颗星星的引导下一路前行至耶稣的诞生地——伯利恒，在那里，他们将自己的供品放在摇篮脚下（黄金、乳香和没药）。人们经常会将这颗神秘的星星误认为光芒闪烁的牧羊人之星。实际上这是错误的叫法，因为牧羊人之星其实是一颗行星——金星[1]。

金星总是出现在天色朦胧之时,在夜幕降临之际或黎明清晨时分。无论在早晨还是傍晚,金星在天边都清晰可见,因此人们在很长一段时间内一直认为这是两个不同的天体,夜晚出现时为长庚星,清晨出现时为启明星。后来,人们终于意识到这两颗分别出现于清晨和傍晚的星星是同一个天体——金星。它的光芒如此美丽,令人联想起象征爱和美的女神维纳斯,因此将它命名为金星[2]。金星如同镶嵌在苍穹中的一颗钻石,它的璀璨光芒可以与其纷繁多样的面孔媲美,现在就让我们来发现它的独特之美。

如果你是一个善于观察而且不乏耐心的人,你会发现金星在天空中的轨迹非常规律:日复一日,年复一年,仿佛一曲精心编排且循环往复的芭蕾舞曲。我们之所以能在清晨和傍晚看到金星分别出现于太阳的东方和西方,是因为它的绕日公转轨道位于地球公转轨道内侧。从我们的地球望去,金星和太阳的距离并不遥远,它们的距离只有手

---

1 金星在夜空中的亮度仅次于月球,是夜晚第二亮的天体,清晨时位于东方,黄昏时位于西方,故名"牧羊人之星";而伯利恒之星到底是哪一颗星星,时至今日尚无定论。——译者注

2 金星的法语为 Vénus,与爱与美的女神维纳斯同名。——译者注

掌宽度的 2 倍大（即角距离为 48°）[1]。从太空中看，金星与太阳的距离约为 1.08 亿千米。在它的运动轨迹中，金星穿过地球与太阳之间，此时与太阳呈下合关系[2]，距地球只有 4200 万千米。当金星与太阳处于上合关系，金星与地球间的距离达到最大值，即 2.68 亿千米，此时太阳位于地球和金星之间。当金星位于这两个特殊的位置（即下合与上合）时，我们无法从地球上看到它，因为金星的光芒完全被太阳遮盖了。

与其他行星不同，金星是一颗奇妙的行星，尤其令人着迷。在所有太阳系行星家族的成员中，它的公转周期最长，是最懒惰的一个；金星的运动方向与地球相反，自转一周需要 243 天，这意味着在金星上看到的太阳是从西方升起，而在地球上则是太阳落山的方向。那么金星的一天有多长呢？在自转的同时，金星沿太阳运动一周大约需要 225 天。不过，一天的长度由自转和公转共同决定，取决于太阳连续两次到达天空同一位置的时间。众所周知，地

---

1 定点到两物体之间的夹角叫作角距离。——译者注

2 上文提到，金星公转轨道位于地球公转轨道内侧，因此被称为内行星或地内行星。由地球看去，内行星与太阳黄经相等的现象称为"合"。合相分为两种：内行星位于地球与太阳之间称为"下合"；内行星和地球位于太阳两侧时则称为"上合"。——译者注

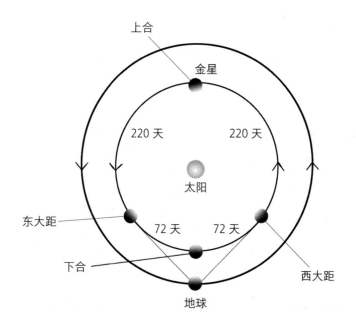

球的一天是 24 小时，而金星的一天长达约 116 天。需要注意的是，这里我们所说的"天"指地球日；换言之，一个金星日等于 116 个地球日。

稍加计算我们就会发现，一个金星年等于 225 个地球日——一个金星年相当于两个金星日。如果有人在金星生活的话，计算日历真是最简单不过的事了！一年两天：一天庆祝新年，一天庆祝除夕。金星真是一个永远都在过节的星球！如果能抵得过极其恶劣的气候，金星上的生命可以说是十分幸福的地外居民了。那里的大气层充满氧化硫和二氧化碳（也就是每天向我们扑面而来的废气），地表遍布着喷发的火山，天空下着硫酸雨，一切都暴露在470 ℃的高温中（这也是太阳系行星中的最高温纪录）。说到底，这里还是不太适合生存。

不过金星的迷人之处并未因此而消失。从它首次在清晨时出现（即偕日升），直到最后一次在清晨的天空中现身，这中间相隔 263 天。在这 263 天里，金星距离太阳西侧将会越来越远，直到抵达西大距位置[1]。随后在接下来的50 天里，金星将向着太阳的方向继续移动，并淹没在太阳强烈的光线中。它始终绕着太阳运动，但并未完成一圈完整的公转。那么我们又是怎么知道一个金星年为 225 天呢？为了解决这个问题，我们首先要确定金星独特的运动周期。

金星在天空中出现的时间为 263 天，然后将会在黄昏的天空中沉没，在接下来的 50 天内不知所终，随后重新开始在地平线上 263 天的运动。此时的金星变成了夜晚的长庚星，然后在接下来的 8 天内再次消失，随后变为清晨

---

1 西大距指地内行星，即金星和水星到达太阳西侧，从地球上观测金星距离太阳最远的位置，可参考文中图示。——译者注

的启明星，重新开始它的周期。总而言之，这个周期将持续 263 + 50 + 263 + 8 = 584 天，也就是大约一年零七个月。

产生这一周期的原因来自地球的运动。地球在宇宙中的运动速度慢于金星，地球需要 584 天才能回到上次与金星相遇的地点；这个周期被称为金星的"会合周期"，会合这个词来源于拉丁语 synodus，意为"会合、团圆"。接下来，我们需要确定金星在连续两个相同日期通过与地球同一相对位置的周期。这个计算很简单，只需要找到 584和 365 的最小公倍数即可，也就是 2920 天，准确地说是8 年。实际上，这也意味着金星每 8 年会在相同日期回到地球同一相对位置。

因此，2018 年金星第一次在 11 月 1 日出现，所以我们可以确定 8 年后的 2026 年，金星将再次重新出现在清晨天空的相同位置。玛雅人已经确定了金星的周期并了解了它位于四个相位时的奇妙运动（出现——长期消失——出现——暂时消失），这一运动与其他周期相似，比如人类从受孕到分娩需要大约 9 个月，近 263 天。金星在每个相位的周期长短不尽相同，这取决于在地球上观测金星时所在的纬度，以及当年的月份，这一差异最大可以达到

20 多天。不过地球上平均可以观测到金星的周期为 9 个月，有时在清晨，有时在傍晚。还有两段时间我们无法看到金星，一段长达 3 个月之久，而另一段很短，最长也只有几十天。

此外，金星与地球 8 年的会合周期同样与月球的运动有一致之处。我们知道，月球经过 29.53 天后将呈现相同月相：我们将此称为朔望月或太阴月。你会发现 8 年的时间包含了将近 99 个朔望月。因此，金星在相同日期回到同一相对位置的时候，此时的相位也与上次相同日期时的月相一致。以刚才的例子而言，2018 年 11 月 1 日的月相为下弦月，那么 2026 年 11 月 1 日的月相也一定是下弦月。

如今这些天体运行的周期对于我们而言无足轻重，但对早先通过循环往复的自然现象确定时间的人们来说，情况完全不同，每种自然现象都有着特定的含义。因此，玛雅人将金星奉为库库尔坎神[1]，又名魁札尔科亚特尔神[2]，是众神之首。从夜晚的长庚星到下一个首次出现的启明星（偕日升），在此之间的 8 天，我们无法看到金星。玛雅人将这一现象与魁札尔科亚特尔神的死亡与重生联系在

---

1 Kukulkan，即羽蛇神，主宰晨星，代表死亡和重生。——译者注
2 Quetzalcóatl，即羽蛇神，来自古纳瓦特尔语。——译者注

一起，预示着战争的爆发，代表不祥的一天。金星不再是我们认为的爱神的化身，而是与一位好战、残暴的神明有关。在玛雅人的宇宙观里，金星的地位比太阳更重要。

金星是天空中非常明亮的星体。仅次于太阳和月球。然而，它的明亮度变化很大。金星与月球一样，有不同的相位。17世纪前叶，意大利伟大的数学家伽利略在1610年首次发现并观测到了金星。这件事在当时的哲学界引起了轩然大波，因为那时的学界主流观点仍然是"地心说"，人们始终认为一切天体以地球为中心旋转，人类位于宇宙中心，绝不可能存在其他天体围绕除了地球之外的天体运动。因此当时人们推断，金星的亮度原理与围绕地球公转的月相一样，相位越大，亮度也一定越大，仅有一小部分被太阳照射时，其亮度一定低于被太阳照射到一半的时候。

然而由于金星和地球之间的距离影响，事实并非如此。金星的亮度实际上取决于两方面因素：金星与地球的距离以及金星的相位。当金星与太阳的角距离达到47°——金星和太阳的最大距角时，我们可以通过望远镜看到金星的一半被太阳照亮了。金星与太阳的最大距角有两种情况：东大距和西大距。这两种情况分别在金星下合的72

天前和 72 天后出现。然而，金星的亮度达到最大却是在下合出现的 36 天前和 36 天之后——而金星下合当天，金星只有 1/4 的面积被太阳照亮！金星还隐藏着一个重要的秘密，为了便于理解，我们可以画一个底角为 72°、顶角为 36° 的等腰三角形：这就是金星的黄金三角形 [1]！

现在我们重新讨论金星神秘的 584 天周期。实际上，这就是地球和金星重新以相同位形会合的周期。金星下合时恰好位于地球与太阳之间，我们有可能观测到金星凌日，换言之，我们会在数小时内看到一个比太阳小 33 倍的阴影经过太阳，在太空中缓缓移动，此时的金星就像是太阳的一颗美人痣。不过，我们每隔 584 年才能看到金星"进入"太阳的范围，就像我们无法在每个月新月出现时看到日食的道理一样，金星轨道存在一个 3.4° 的倾角，虽然度数很小，但在每次金星下合出现时，这样一个小小的倾角会导致金星或是位于太阳上方，或是位于下方，使得我们无法经常观测到金星凌日。

发生金星凌日的时间只有两个：6 月 5 日和 12 月 7 日。为了满足这一条件，金星必须在这两个日期的其中之一靠

---

1 黄金三角形即底与腰长的比值为黄金分割比，约为 0.618，此时顶角为 36°，底角为 72°；另一种情况则为底角 36°，顶角 108°。——译者注

近下合点，除此之外，还要考虑一个非常精密的周期！ 8
年——121.5 年——8 年——105.5 年，总之，这个时间一
共是 243 年。我们会特别发现其中出现了两个 8 年。最近
的两次金星凌日分别出现于 2004 年 6 月和 2012 年 6 月；
未来两次将出现于 2117 年 12 月和 2125 年 12 月。因此，
金星凌日是一种非常罕见的天文现象。

　　人们第一次观测到金星凌日是 1639 年 12 月，人们惊
异于金星的视面积相对于太阳如此之小。其实当时的年代
距今并不遥远，那时的人们还不清楚太阳系的大小，他们
只知道太阳系是一个小球，其中包括太阳系和其他已知的
行星（天王星和海王星除外，这两颗行星是在后来的几个
世纪里发现的）。

　　因此在 1639 年 12 月的这一天，人们本以为看到的
金星应该是一个巨大的黑洞，而非像太阳的美人痣，事实
上，人们认为金星的视面积要比观测到的视面积大 7 倍。
在发现金星的视面积只是一个小小的圆盘后，人们立即意
识到太阳系的大小也应按照同样的比例扩大。看到金星
凌日的景象，足以令人想象太阳庞大的体积。要知道，金
星是地球的姊妹星，因为它的大小与地球几乎相同。人类
的认知不再局限于地球，宇宙的庞大远远超出我们理解

的范围。金星则通过自己的方式向人类揭开了一些宇宙的奥秘。

故事并没有到此结束。几十年后，在 1716 年，一位著名的英国天文学家艾德蒙·哈雷（Edmund Halley）提出利用金星在太阳前通过的轨迹来测量太阳系的大小，没错，就是这种办法！原理很简单——至少在字面上看起来是这样！这个方法就是在地球不同纬度上记录金星凌日的时长。原理在于视差效应，比如当你从远处用拇指瞄准一个物体时，有时用左眼，有时用右眼，你会发现通过左右眼和拇指定位远处目标的位置有所不同。如果测量出位置改变的距离以及两只眼睛的距离，那么我们就能推断出眼睛和拇指之间的距离。当然，测量眼睛到拇指的距离并没有什么意义，不过当我们把拇指换成金星，两只眼睛换作地球上的观测者，就可以推测出金星凌日时金星到地球的距离，以及太阳到地球之间的距离，在金星位于下合这一特殊位置时，金星与地球的距离比太阳与地球的距离近4 倍。

1761 年和 1769 年出现金星凌日时，人们使用了这一方法进行测量，这在全球范围掀起了一股宇宙探索热潮。当时的天文学家们跋山涉水，只为在地球某处测量金星凌

日的时长，然后将不同的数据加以比较。最令人惊奇的可
能要数纪尧姆·勒让提的故事。这位天文学家 1760 年动
身从洛里昂[1]出发，直到 1771 年才返回家乡。其间，他的
妻子以为丈夫早已去世，于是嫁给了负责管理勒让提财产
的公证员，他的钱财也被妻子和公证员挥霍一空。勒让提
本人的观测工作也并不顺利，两次金星凌日出现时都未能
交到好运。第一次是 1761 年，在印度科罗曼海岸，这片
区域被英国人占领，当时英国刚刚向法国宣战，勒让提搭
乘的军舰无法靠岸。第二次在 8 年后的本地治里[2]，当时一
小片乌云刚好遮住了太阳，导致勒让提整整一天都无法观
测到金星穿过太阳。

　　距人类第一次观测到金星凌日恰好过去两个世纪之
际，金星再一次出现在舞台中央。过去人们一直致力于测
量太阳系的大小，特别是参考距离，我们将这一距离称作
"天文单位"，也就是地日距离。这两个世纪里，天文学
家们付出了各种各样的努力，但是问题并没有得到解决。
1961 年 3 月 10 日，位于莫哈维沙漠[3]的金石雷达站将天线

---

1 Lorient，位于法国西北部布列塔尼大区。——译者注
2 现位于印度科罗曼海岸，曾经是法属殖民地。——译者注
3 位于美国西南部，加利福尼亚州东南部的沙漠。——译者注

对准了金星。当时的雷达直径 26 米，这次研究旨在测量雷达信号往返地球和金星的时长。经过测量，人们发现雷达信号返回的时间约为 6.5 分钟，从而推测出地球与金星之间的距离可能为 1.13 亿千米。我们知道雷达的电磁波传递速度，经过简单计算就可以得出金星和地球之间的距离以及地日距离。这是当时最精准的一次测量。在沉睡了两个世纪之后，金星掀开了科学史上新的篇章。

2012 年之后，事情有了转机。天文单位的测量终于可以盖棺定论。天文学家在地日距离上达成一致，这一数值确定后将不再变动。人们通过雷达测定的方式尽可能精确地确定了地球与太阳之间的距离，即 149 597 870 700 米。唯一的不同之处在于该数值不再作为地日距离使用，虽然的确与地日距离的数值十分接近，而是被用作天文单位。不知广大读者是否理解？这实在有些晦涩难懂。总而言之，这不再是一个概念，而是天文学界达成一致的结论。就让我们的讨论到此为止吧！[1]

---

1 本书前文提到，由于地球公转，地日距离本身并不是恒定数值。因此为了避免引发争议，2012 年 8 月 30 日国际天文学联合大会一致通过决议，规定天文单位不再是变化的数值，以此确定为 149 597 870 700 米。——译者注

# 阳光创造的"教堂"

　　三月里的某个下午，正是两场大雨之间的空隙，此时你刚刚从午睡中醒来，下午4点正是在大自然里散步的好时机。漫长的冬季终于过去，总算可以摆脱暖气的束缚，能在户外度过时光实在是太美好了，大自然又将神奇与伟大的一面展现在我们的面前。仅凭借水滴和冰晶，大自然就可以建造一座"光之大教堂"。这些作品十分脆弱，又如昙花一现般稍纵即逝，然而它的构造却十分简单，无论何时何地都可以完成，甚至是一瞬间的事。它们并非礼拜或庆祝的场所，我们也无法触摸或靠近。其实这只是光线的小把戏，令人称赞不绝。这些水滴和冰晶不过是最简单的物质，有的呈小球状，最大直径只有1毫米；有的呈六边形，直径最多不超过0.1毫米。光线通过折射和反射作用，使用成百上千万的"砖块"创造出光彩夺目的景观。

这些景观中我们最熟悉的就是彩虹。英语单词更能反映出它的特点——rainbow，意为"雨中的桥"。彩虹的形成需要两个不可或缺的条件：雨水或飘浮在空气中的水滴，以及太阳。在我们所在的纬度[1]，彩虹通常出现在夏天的清晨或傍晚，从来不会在中午出现。相反，在其他季节里随时都有可能出现。

彩虹的大小始终不变，因此不存在小彩虹或大彩虹之分。如果试着接近彩虹的两端，看似它与大地的某处相接，实际上你永远无法找到它。彩虹看上去像一张黑胶唱片垂直插在大地上，中间则像是唱片五彩斑斓的槽纹。如果彩虹真的像唱片一样，我们可以试着从一侧观察它，只要开着车找到彩虹的一端，就能沿着它缓缓而行，甚至可以围着彩虹转上一圈。然而，从未有人成功拍到彩虹侧面的照片，因为这其实是不可能的事。和它的字面意思[2]有所不同，彩虹并不是刚性平直的结构，而是一种映像，或者说是由无数水滴以三维形式组成的马赛克图像。彩虹不过是一种光学现象罢了。

当光线照射到水滴上，它的路径穿过水滴内壁时将发

---

1 即法国，位于欧洲大陆西岸，北纬 42°～51°之间。——译者注
2 彩虹的法语单词为 arc-en-ciel，原意为"天空中的桥"。——译者注

生偏移，这种偏移被称作折射。折射的发生遵循着一个简单的物理法则，即斯奈尔定律。光线之所以会折射，是因为光在空气或水中传播的速度并不一致。当光线穿过水滴时，它会受到"阻碍"，因此它的路线会偏于最初的运动轨迹。1637年，笛卡儿提出了这一定律，并提出了关于彩虹的第一个重要理论。

在光线进入水滴之后，它的路线发生变化，随后到达水滴的后壁，这时的光线像撞在墙壁上的小球，弹起后向水滴内壁的后方反射。这就是彩虹形成时一定要背向太阳才能看到彩虹的原因，因为部分光线与水滴接触后将折射

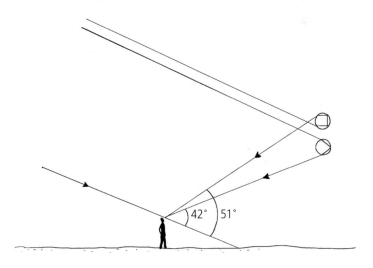

向太阳的方向。光线围绕太阳进行散射，但角度永远不会超过 42°。太阳光通过水滴的反射集中在这一方向，从而导致光线的增强，进而产生了彩虹。

最终，观测者位于光锥顶端，锥边指向太阳方向，此时视角为 42°。彩虹的形状和位置由此而来。当视角小于 42°时，观测者同样可以看到彩虹，只不过这样的彩虹不太常见，颜色也更为黯淡；视角大于 42°的情况几乎不存在。因此彩虹的内侧总是比外侧更亮。我们将外侧较为灰暗的部分称为"亚历山大带"，这个名字来源于阿弗罗狄西亚（Aphrodisias）[1]的亚历山大（Alexandre），他是一位哲学家和亚里士多德评论家。这样形成的较为清晰的彩虹叫作"主虹"。主虹之外还有一条肉眼较难观察的彩虹，被称为"副虹"。这是由于光线在水珠内部经过更多次数的反射，如同向各个方向跳去的弹射球。光线在多重反射下产生副虹，副虹与太阳方向呈 51°夹角。因此，由于双重反射的作用，光线减弱，副虹的亮度也更低。

此外，还有一层更为复杂的原因——折射率因颜色不同而异，水对光有色散作用。由于红光比蓝光的折射率

---

1 古希腊小城，位于今土耳其境内。——译者注

低，导致太阳光以多种彩色弧的形式分解（白光由各种颜色的光组成），主虹和副虹的红色部分总是保持相邻位置，而其他颜色的部分则保持相反位置，主虹的蓝色部分位于彩虹内侧，而副虹的蓝色部分则位于彩虹外侧。

那么第三道、第四道甚至经过更多内反射产生的彩虹在哪里呢？我们将这样的彩虹按顺序依次称为第三道虹、第四道虹，以此类推。第三道虹的角半径为40°，第四道虹的角半径为46°，它们都位于靠近太阳的位置，因为光线在水滴内反射的路径使它不再从水滴前方穿过，而是顺着光线进入的方向从水滴后侧穿过。因此为了尝试看到这类彩虹，我们必须转过身面向太阳，将太阳光完全遮挡住才行，这类彩虹的形状是完整的环形。不过，即便是完全遮挡太阳光，我们也无法通过肉眼直接观测到它们。

彩虹总是具有相同的形状和角度大小。只有背向太阳才能观测到彩虹，同时太阳不能位于天空的高处。我们一般通过太阳与地平线的夹角大小来衡量太阳的高度。因此，当太阳位于地平线时，它的高度为0°。产生彩虹的条件在于，太阳的高度不能超过42°。太阳在天空中的角度越大，彩虹在地平线上就会"陷"得越深。观测彩虹的最佳时机是太阳距离地平线较低的时候，或者是刚刚升起，或者是即将落下；这时我们就有机会看到一个近乎完美的半圆形彩虹。

在北半球中纬度地区的夏天，太阳升起的速度非常快，高度很快就会超过 42°，因此即便所有的气候条件都符合，我们也无法在白天看到彩虹。这与从秋初直到冬末的情况恰恰相反，在此期间，太阳的高度始终低于这一标准。

正如上文提到，这一高度限制取决于水滴。如果水滴是咸的，那么这个数值会较小，由于光的折射作用更强，彩虹的形状也因此更小。当海边的水蒸气在空气中飘浮，达到一定湿度后就会出现彩虹。

除了在天空中，我们还能在其他地方看到彩虹。当清晨的草地沾满露水，或是空气干燥而湖面水温较高，使得湖面泛起一层薄雾时，我们就有机会在地面或者湖面上看到彩虹。这种彩虹在英语中被称为"露虹"（dewbow），这时它的形状不再是圆的一部分，而是呈双曲线状。双曲线是数学曲线，属于圆锥曲线的一种，即圆锥面与平行于中轴的平面相交产生的截线。简言之，如果太阳当空时有降雨，那么就在地上找找你的影子的位置，这样你就能准确找到与太阳相反的方向，然后就可以在这里等待是否能看到彩虹了。

　　只有直径超过 1 毫米的"大"水滴才能产生大雨或者厚重的露水。然而在阴天或大雾天气时，水滴的大小只能达到 1/10 甚至 1/100，以至肉眼完全无法看到，这时还会有彩虹吗？在起雾的天气看到彩虹是非常罕见的事。这是因为光遇到极细的液滴会发生另一种作用，这种情况下光线既不反射也没有散射，而是向各个方向发生衍射。这听上去有些奇怪，却向我们展示了光的双重特性：光穿过大的水滴内部后会在内部发生反射，然而当它与极小的液滴接触后，首先会产生光波，就像我们向池塘扔一颗石子，水面会激起一层涟漪一样。这些光波是彩色的，并且呈环状紧紧围绕在太阳四周，即便是非常稀薄的云层，也可以将这些光波完全掩盖。然而，我们却很容易在月亮四周看到这一圈彩色的光环[1]。

　　现在我们讨论光的第二种结构，它的大小和威力在所有结构中最为庞大。为此，我们需要等到气压计指数骤降和高空云（卷云和卷层云）形成，天空渐渐变为乳白色。此时的光线尤为特别，阳光仿佛透过磨砂玻璃一般，太阳的轮廓模糊不清。这时一切条件都已具备，太阳四周将出

---

1 即月华。夜晚太阳照向月球的光遇到云层的小水滴后产生衍射现象，光波按照不同颜色相间分布，也就是月华。——译者注

现一圈巨大的光环，虽然也有人称之为"小光环"。与彩虹截然不同的是，观赏彩虹的机会十分有限，而日晕却时有发生，尤其在四月和五月。我们甚至可以每四天见到一次。为此我们还是需要稍加练习，这样才能知道在日晕可能出现时把目光望向天空。

日晕的形成来自水冰晶。与水滴相同，光遇到冰晶后也会利用折射和反射创作出绝妙的作品。冰晶的构造都是六边形，它们聚在一起后呈现铅笔或威化饼的形状。光线穿过冰晶时会产生 22°～50° 的偏移，与水滴的原理一样，当角度接近 22° 时，光线在冰晶内的折射作用尤为明显，因此在太阳四周就会出现一个巨大的圆环。这一现象背后的原因就是冰晶。此时光的角度为 22°，近似于拇指顶端到小指顶端的连线与水平面的夹角。这个完美的光环出现在月亮周围时更容易看到，它的内侧亮度更暗，因为光线偏转的最小角度不低于 22°，而外侧则亮得多。日晕外侧的亮度随着光环半径的增大而减弱。

每个人眼中日晕的大小都不相同，这是因为太阳光经过冰晶到达观测者眼中的角度各不相同，即便相隔只有几米，每个人看到的日晕都不一样。换句话说，没有人能看到相同的日晕！彩虹也是同样的道理。

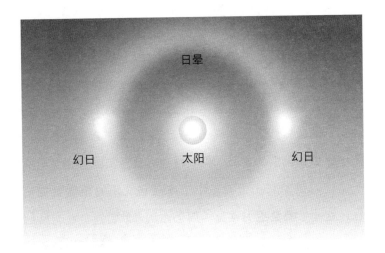

大部分扁平形状的冰晶保持水平位置，在天空中缓缓移动。只要冰晶在天空中的位置与太阳的高度相同，光线就会在进入和穿出冰晶时产生 22°的偏移。因此，太阳折射后的光线只会沿着两个方向传递，此时天空中似乎多出两个太阳，它们的高度也与太阳相同，有人将其称为"太阳狗"或"假日"，不过科学家更倾向于称其为"幻日"（parhélie），这个词来源于古希腊语，意为"靠近太阳"。实际上，当太阳高度超过 40°时，我们很难观测到幻日，因为倾斜角度过大的光线无法从侧面进入冰晶。同样的原理也适用于月亮，我们将这一现象称为"幻月"。

　　光透过在空气中移动的冰晶，可以通过某些特殊的方式产生各式各样的气象景观，我们可以就此继续讨论。不过如果真的这样讲下去，恐怕这一本书都不够。我们在此讨论的都是最常见的景象。阳光创造的"教堂"并非言过其实，大自然产生的日晕等各式光学现象都会让人不假思索地联想到教堂的拱门、尖型穹顶和玫瑰花窗。当我们位于高处或是站在山上时，由于冰晶和太阳的角度更加适宜，这些景象会更为常见。如果你从未欣赏过这些奇妙的光影之作，别忘了抬起头，说不定你就能看到其中最美的一种景象——彩虹。

## 17：00

# 夏至与冬至的悖论

现在才下午 5 点 30 分，路灯就亮起来了！虽然现在确实是冬天，但是天气晴朗，天色还亮得很，你可能要忍不住发牢骚了：难道市政部门不能等几分钟再把路灯打开吗？如果你是这样想的，那可就误会城市照明系统的运作方式了，其实路灯的亮灭并不听从人的指令，而是星星。

实际上，公共道路的照明设备是根据民用晨昏蒙影[1]自动触发，也就是太阳位于地平线上 0°～6°的时候（当太阳位于地平线 6°～12°时则为航海晨昏蒙影，位于地平线 12°以上则为天文晨昏蒙影——这听上去仿佛太阳一天要从地平线升起三次）。这个时间由巴黎天文台制定，每个城市时间略有不同。因此根据民用晨昏蒙影的标准，在

---

1 由高空大气散射太阳光引起的天空发亮的现象。——译者注

2019 年，巴黎最早的黄昏出现在 12 月 8 日—13 日期间
（17 时 30 分即为黄昏），然而这一年最短的一天——冬至
却是 12 月 22 日。怎样解释这一看似矛盾的现象呢？

众所周知，12 月 21 日标志着冬天的开始，也就是冬
至[1]。人们总是迫不及待地期盼冬至的到来，因为这一天预
示着阳光的归来。一旦过了冬至，白天的时间将逐渐增
长，黑夜逐渐把天空的位置让给了太阳。日出更早，日落
也更晚。在古罗马人眼中，这是太阳的盛宴，战无不胜的
太阳神击败了黑夜，而后基督徒们又在黑夜见证了耶稣的
降生，不过这又是另外一段故事了。

"最短的一天"意味着太阳在这一天升起得最晚，落
下得最早，不过事情并非如此简单。天文历书中规定，一
年中日出时间最晚的日期不是 12 月 21 日而是 1 月 1 日，
日落最早则在 12 月 13 日。我们可以在夏至（6 月 21 日）
时进行类似的观察，夏至标志着一年中白天时间最长的一
天，但并不是太阳升起最早或落下最晚的时间。这期间，
最早的日出时间发生在此前的几天——大约在 6 月 16 日，
最晚的日落时间则在 6 月 24 日左右。法国就是这样的情

---

1 与我国传统的二十四节气不同，法国将春分、夏至、秋分和冬至分别作为春夏
秋冬的起点。——译者注

况，同样的道理也适用于赤道地区附近。然而对于赤道而言，这里的人们实在没有庆祝春天和秋天开始的必要，因为赤道全年的气候都一样。

因此，夏至与冬至悖论的关键在于我们的时间标准。正是我们的手表和时钟造成了这种奇怪的现象。如果人们完全按照日晷计算时间，一切问题都将井然有序：毫无疑问，太阳在冬至这一天升起得最晚，落下得最快。人一旦有了把时间平均划分的想法，就会不由自主地在夏至和冬至这两个时间上动脑筋，制造出一些奇怪的麻烦。

怎样计算时间才能保证它被等分？或者说，怎样确定每秒钟的长度都相等？答案是发明第二个太阳。没错，因为我们其实有两个太阳！一个是高挂在天空带来光与热的太阳，叫作"真太阳"；另一个则是假想的太阳，它只是一个虚拟的真太阳替身，唯一的作用是测量时间，我们将它称为"假太阳"或"平太阳"。

真太阳有自己的"情绪"。在一年中，真太阳在天空的运动轨迹并不规则，它时快时慢，酷暑时高悬于空中，严寒时伏于地平线之上，仿佛是要永远缩在羽绒被里取暖。而平太阳则始终保持规律，运动轨迹随时可以预测。如果我们能把天上的真太阳换成平太阳，那么一年四季，太阳的运动都将一模一样。然而我们并不能看到平太阳，因为它不属于天空，而是人类；这是一个数学意义上的太阳。

人们之所以创造平太阳，是因为真太阳很早以来就被应用于时间测量，弊端也逐渐显露。我们在地上垂直插上一根棍子，就可以得到一个日晷，但日晷显示的时间并不一致。如果测量连续两个正午的时间间隔，也就是太阳回到当地子午线的时间（子午线是一条连接地球北极和南极的假想线），就能得到一天的时长——太阳经过天空最高处时也是经过子午线的时间，这里也是太阳一天内运动轨迹的中点，我们将此时称为正午。其实这段时间并不是精确的 24 小时，通常会有几秒上下的误差。

12 月就是这种情况。一个太阳日比"标准"的 24 小时多出近 30 秒。到了 6 月份，这个误差逐渐缩小，太阳日只比 24 小时多 13 秒。当然，这并不能说明地球自己决定每年 12 月到来之际转得慢些，以此解决时差问题。与很多事情一样，地球的外表也具有欺骗性。

为了克服这一重大缺陷，人们发明了平太阳。它的周期与真太阳十分接近，但却百分之百规律，目的在于确保全年太阳连续两次经过当地子午线的时间长度相等。我们手表显示的时间就是平太阳时，它还有个更简单的名字——平时。真太阳时和 24 小时平太阳时的差值日积月累；一个真太阳日比一个平太阳日多 30 秒，即真太阳经过子午线的时间比平太阳晚 30 秒。日复一日，几个星期过后，真太阳就会比平太阳晚 15 分钟出现，随后情况相反，因为真太阳运动的速度加快，一个太阳日会短于 24 小时。

如此多的麻烦不能全部归咎于这颗可爱的星球——我们的真太阳。由于地球并非以恒定的速度在椭圆形轨道上绕太阳运转，所以从地球看去，似乎太阳每天都以非恒定的速度在运转。换言之，如果地球绕太阳旋转的轨道是一个完美的圆形，且地轴在太空中没有倾角，那么真太阳和平太阳就会合二为一了。

该结束这个和时间有关的离题讨论了，让我们重新回到冬天的问题。随着冬至临近，平太阳晚于真太阳，但这个差距会逐渐缩小，因为在两个太阳之间，平太阳的运动速度更快（回想一下，真太阳日比 24 小时的平太阳日更长）从当天到次日，真太阳日落时间更早，日出更晚。试想某一天真太阳下山时间恰好比前一天早 30 秒，平太阳按照与真太阳相同的速度运动，那么平太阳日落也将比前一天早 30 秒。然而实际却是平太阳在一天中已经填补了

30 秒时差，因此依然会于与前一天相同的时刻落山。如果次日真太阳早落山 24 秒，那么平太阳将在真太阳的 6 秒（30 － 24）后落山，以此类推。

真太阳连续两次日落时间相差 30 秒，此时就是真太阳在 12 月超过平太阳的时间，这个特殊的日子始终固定在 12 月 12 日—13 日左右，也就是冬至的前 10 天左右。至于日出，平太阳日出在这段时间内将越来越晚，直到真太阳不再减慢速度，同时，真太阳日出时间将比前一日早 30 秒时（一过冬至，真太阳日出将再次按照比之前一日更早的时间出现），此时就是平太阳时日出最晚的时间，这个日期始终固定在 1 月 1 日—2 日，也就是冬至后 10 天左右。

夏至的情况完全相反：平太阳时早于真太阳时，但此时真太阳日比平太阳日只多出 13 秒。日复一日，真太阳升起的时间越来越早，日落越来越晚。直到真太阳日出时间比前一天早 13 秒，平太阳将填补真太阳提前 13 秒的时差，同时于与前一天相同的时间升起。到了第二天，真太阳日出比前一天提前的时间将小于 13 秒，因此平太阳日出时间将稍晚于前一日。这一天是（平）太阳一年中日出最早的时候（当然看的是我们手表上的时间，所以是平太阳时），大约出现在夏至日的 5 天前。

至于太阳下山最晚的时间，根据同样的道理，我们可以推算出是夏至日的 5 天后，即 6 月 26 日左右。与冬至相比，夏至的日期差异只有冬至的一半，这是因为此时真太阳时与平太阳时的差异也只有冬至的一半。

最终还有更为矛盾的一点，尽管冬至确实是一年中白昼最短的一日（"日"表示太阳升起于地平线之上，出现在人们的视野中），但冬至也是真太阳日在一年中最长的一天（"天"则代表真太阳回到同一条子午线的时间），这一天的真太阳日比平太阳日的 24 小时多了 30 秒。

# 18:00

## 天空为什么是蓝色的？

白天结束了，下午 6 点的钟声刚刚敲响，太阳缓缓从地平线落下。太阳刚刚消失时，天空像一块巨大的蓝宝石，将大地和我们笼罩起来，这正是华灯初上之时，此时我们还看不到星星，天空中什么也没有。宇宙苍穹仿佛空无一物，独留我们的思绪在天地间飘浮。天空为什么是蓝色的呢？这个颜色与我们的蓝色星球——地球是如此相配。如果天空失去这样的蓝色，地球上还会有生命吗？真是这样的话，生命可能就不存在了。在火星和金星上，天空是橙色的，然而那里却没有一丝生命的迹象。所以，蓝色的天空是生命存在的条件之一吗？

蓝天给我们的生活带来欢乐，无数诗人歌颂它的美好，醉心其中的魏尔伦曾说道："屋顶上的蓝天啊，它这样的蓝，这样的静！"蔚蓝色也代表好运、冷静和温柔。

如果你有一颗多愁善感的心，也许你会更喜欢蓝色的花；出身于蓝带学院[1]的学生自然懂得如何领会宾客对佳肴的赞美。蓝天对里斯本的人弥足珍贵，以至于他们将这一颜色用在陶瓷方砖上，也就是葡萄牙蓝彩瓷砖。阿尔法玛[2]的老建筑外侧都装饰着这种瓷砖，仿佛是天空的倒影。

"蓝"和"天"二字如此相配，以至于人们可能会认为天空原本就是蓝色的。换言之，认为大气层是蓝色的。不过事实并非完全如此。夏日时节，尤其是经历过长时间干旱后，空气中经常带有被风吹起的沙粒，这时的天空呈现出苍白的蓝色。然而一场大雨过后，天空湛蓝如洗。到了卷云在高空出现时，天空又因为冰晶的颜色开始发白。有时天空还会呈现出一种世纪末日般的黄褐色，比如2017年10月16日，布列塔尼就发生了这样的情况。当时的天空飘满了来自撒哈拉沙漠的沙粒和葡萄牙森林大火的烟雾颗粒。

通过这些观察，我们可以做出推断：天空的颜色来自空气本身，更确切地说来自其中包含的分子。一旦存在比

1 即蓝带国际学院，是一所19世纪建立于巴黎的世界顶级饮食与餐饮文化学校。——译者注
2 葡萄牙首都里斯本最古老的街区之一，以历史悠久的28路电车和圣若热城堡而闻名。——译者注

空气分子大的粒子，天空的颜色就会改变。蓝色并非天空原有的颜色，而是与大气化学成分的作用有关。白天时天空看上去是蓝色，这种现象与太阳光有着密不可分的关系。

首先，我们需要了解太阳发出的光。太阳光是一种白光，但实际上我们看到的白色已经是原色在光谱中混合后的颜色。当太阳光穿过棱镜时，我们会注意到这个现象，比如水族馆鱼缸的内壁。你会发现光线被拆分为细小的彩虹，称为"光谱"。也许因为这样的颜色只能在特定的环境下见到，尤其是必须透过棱镜，所以"光谱"在法语中还有"幽灵"和"鬼怪"的意思。

同样的原理，太阳的白光穿过大气层时会遇到很多物体，形状也各不相同：空气中的分子和气溶胶等物质，比如雨滴、雾或云的液滴、灰尘、病毒、细菌、烟尘颗粒……光线遇到这些物质后会发生相互作用。白光中的每种颜色与物质发生的反应不同，这取决于具体是哪种颜色，以及遇到的障碍物大小。

空气中的分子遇到阳光时会向四面八方运动，尤其是某些特定的光波（或颜色）。这种现象被称为"瑞利散射"，在 1870 年由一位英国勋爵发现并以他的名字命名。与绿光和红光相比，空气中的分子更易与蓝色与紫色的光发生辐射作用，这就意味着太阳光谱中紫色和蓝色最容易通过分子的作用从光束中分离，然后向各个方向传递。相反，红光遇到分子后相对稳定，可以继续保持直线运动，仿佛没有遇到任何阻碍。

因此，天空中没有任何颗粒物时就会显现为蓝色，因为此时大气中折射的大部分光是蓝色和紫色，很少有黄色或红色。我们之所以看不到紫色的天空，只是因为人类的眼睛相较于紫色而言对蓝色更为敏感。由于以上种种原因，我们看到的天空才是蓝色的。

也许你会立即想到，是不是太阳光在传播过程中遇到越多颗粒，折射的作用就越强，天空越蓝呢？完全不是。你可以在天气晴朗时观察地平线到高空之间的蓝天，你会发现高空是湛蓝色，地平线的蓝色则非常黯淡。这是因为地平线处的光不仅来自太阳光照射，还受到大气本身的作用，因为此时照亮地平线大气层的光线已经在大气中进行了散射作用。因此，从地平线任一方向进入我们眼睛的光线其实都混合了蓝光、绿光、黄光、橙光，所以呈现出灰白色。最终，地平线处的光经过大量折射后，只有红光得以保留。这就是为什么当太阳从地平线升起或落下时，我们才能欣赏到朝阳和落日特有的红色。

　　大气中的气溶胶也会影响光的作用。这些气溶胶通常比空气中的分子更大。当大气中存在气溶胶时，形成的效果与之前完全相反，也就是说在气溶胶中，橙色和红色的光比蓝光更容易散射。

　　当空气中有更大的颗粒时，所有颜色的光都具有相同的散射性，因此不再有哪一种颜色的光更容易发生散射，雪是白色就是由于这样的原因。雪是由水滴或冰晶组成（与空气中的分子相比，这可以算得上庞然大物了），这些物质会以相同的方式对所有颜色的光进行散射。云的颜色同理。在这种情况下，仿佛所有颜色的光互相抵消，最终变为中性的白色。

　　不过，你知道夕阳西下的时候天空是什么颜色吗？黄昏时分的天空变得有如蓝宝石一般，蒙上了一层深蓝色。此时太阳已经落山，为什么还会发生散射现象呢？太阳已经落到地平线下，它的光已经穿过了厚重的大气层，此时蓝色的光到达地平线时早已由于散射作用消失殆尽，仅存的只有还在苦苦挣扎的绿光与黄光，而其他颜色的光在经过大气层时途经的路径较短，由于空气稀薄的原因，所以散射作用十分有限。高海拔地区空气中的分子数量较少，因此产生的蓝色光线并不强烈，所以天空在傍晚本应呈现黄绿色，然而这和我们看到的事实完全不同。

那么傍晚的蓝色到底是从哪里来的呢？其实这是臭氧存在的表现，它出现在位于 25～35 千米高空的平流层中。臭氧像是一个强大的彩色滤光片，将大部分的黄光、橙光和红光都阻隔在外，我们将这一现象称为"光的吸收"，这一现象会导致这片区域大气层温度的上升，并且只保留了太阳光中的蓝光。这种太阳光可见光谱的吸收作用十分强大，它降低了傍晚天空的亮度，并使天空在太阳落山后很长的一段时间内呈现深蓝色。我们知道，臭氧是地球的保护层，它能使地球免于受到过量来自太阳的紫外线辐射，但很少有人知道，臭氧也是傍晚时分天空呈现蓝色的原因。

归根结底，正因为大气中的空气含量恰到好处，天空才呈现出湛蓝和明亮的颜色。如果空气中分子的含量是目前的 10 倍，气压也将变为实际情况的 10 倍，不仅我们会因为气压粉身碎骨，蓝天也由于多重散射作用而不复存在，取而代之的将是惨白和刺眼的天空。相反，如果气压缩小 10 倍，天空将变为深蓝色而且十分昏暗。不管怎样，大自然造就的眼前一切都是当之无愧的杰作！

# 19:00

## 斋月和月亮的关系

晚上 7 点已经接近一天的尾声，遵循斋月的穆斯林正在为封斋做准备。在这个月份里，信徒们从清晨到日落不吃不喝。不过需要注意的是，斋月指的是伊斯兰教历的一个月，一般持续 29 天或 30 天，即一个朔望月，这种历法和我们现在的公历有所不同。

朔望月以从朔到下一次朔或从望到下一次望的时间间隔为长度，即同一月相相继出现两次的周期。以平均日期起算，新月每 29.530 588 天再次出现，因此 12 个朔望月的时间为 354.367 06 天（约 354 天 8 小时 48 分 33 秒）。只要按每个朔望月 30 天和 29 天交替计算，我们就可以精准地预测月相变化。实际上，如果按 6 个月每月 30 天和另 6 个月每月 29 天计算，一年则为 354 天。与精确的太阴年[1]时间

---

1 即 12 个朔望月相加后得到的一年时间。——译者注

相比，前者缩短了 8 小时 48 分 33 秒。三年过后，这一差距将增加至 1 天 6 分 6 秒，即三年后阴历时间将比真实的朔望月时间提前一天。

这一误差很容易纠正，只要在每三年的最后一个月加一天就可以。需要注意的是，这一天必须加在最后一个天数为 30 的月份中，而非天数为 29 的月份，这一年被称为闰年（*embolismus*，意为"增加的，插入的"）。然而，伊斯兰历的计算要更精确。在伊斯兰历中，这一周期不是 3 年，而是 30 年，其中 19 年为 354 天（平年），11 年为 355 天（闰年）。因此在 30 年的周期内，伊斯兰历对其中 11 年时间都做了修正，也就是一天的 11/30，恰好等于 8 小时 48 分。换言之，一年的平均时间将为 354 天 8 小时 48 分。月相的变化遵循着非常精准的规律，因为月亮变化的时间每年约提前了 33 秒，即在 2575 年后只提前了一天。

建立严格遵循月相变化的历法十分简单，但这会产生一个很大的问题：这种历法需要与太阳运动完全保持互相独立的关系；不过正是太阳的运动决定了一年四季在特定的日期变换。我们已经知道，太阴年为 354.367 06 天，太阳年为 365.242 2 天。因此太阴年每年都比太阳年短 10.875 天，在经过 33.585 个太阳年之后，太阴年就会增加 1 年。

　　另一种解决太阴年和太阳年时间的办法是将 33 个太阳年近似等同于 34 个太阴年。这一反常现象到 19 世纪才被发现，在土耳其财政部引起了轩然大波，因为国家在 33 年内为大臣们支付了 34 年的薪俸。为此，土耳其政府在 1839 年采用了儒略历，儒略历是太阳历的一种。太阳掌管着人间的国家大事，月亮则负责天上的斗转星移。

　　除了这种简单而精确的太阴历，类似的万年历中还有另一种宗教历法，这种历法中每个太阴月伊始并非通过计算得出，而是通过肉眼观测到第一个上蛾眉月为标准。巴黎大清真寺使用的就是这种方法。法国有 70%～80% 的穆斯林都坚守这一规定，每当斋月前看到上蛾眉月，穆斯林们就会在此时开始斋戒。

　　因此，巴黎大清真寺的教长每年都会寻求巴黎天文台天文计算与信息服务部的帮助，以此获得天文历法的计算与有关信息。通过计算首次观测到月亮的时间，就可以确定斋月的日期；通过计算下一个观测到月亮的日期，则可以确定闪瓦鲁月 [1] 和斋月的结束。

　　莱麦丹月的前一月为舍尔邦月，舍尔邦月第 29 天的

[1] 闪瓦鲁月是伊斯兰教历的第十个月，意为"尾月"，闪瓦鲁月的第一日为开斋节，即斋月的结束。——译者注

深夜被称为"怀疑之夜"。在伊斯兰教历中，一个月只有29天或30天。如果舍尔邦月的第29天夜里[1]出现了上蛾眉月，那么从今夜开始就是新的一月，舍尔邦月即为29天。如果这一晚天空中没有上蛾眉月，那么舍尔邦月即为30天，新的一月也就必须从次日夜晚开始计算。

如此看来，首次见到上蛾眉月的标准仍然有待确定。在什么情况下才能确保肉眼可以看到出现在新月之后的上蛾眉月呢？古巴比伦人以月龄——新月到蛾眉月的天数作为标准，他们将这段时间看作一天。此外，古巴比伦人认为，日落后48分钟月亮位于地平线之上，这说明太阳和月亮之间角度的间隔（即距角）应大于12°，因为月亮以每天13°的速度在天空中移动。

因此，如果古巴比伦人能够成功看到上蛾眉月，那么从新月到上蛾眉月出现的时间就需要一整天，且月亮与太阳在天空中的视距离应该为握拳并将手臂向肩膀处弯曲，小臂紧贴大臂形成的夹角，即12°。自巴比伦时代以来近5000年的时间，一代又一代不同文明的学者都致力于寻找最佳标准，以此确定太阴月的开始。也许从人类文明建

---

1 即29日正午12时之后的夜晚。——译者注

立以来，没有一个天文学问题可以像确立太阴月起始标准这般吸引众多学者致力于此。

1932 年，法国天文学家安德烈·丹戎（André Danjon）（他后来成为巴黎天文台的台长）在这一问题上取得了决定性的成就，他规定上蛾眉月在月球合相几小时后出现，而不是在新月发生后立即出现。丹戎还明确规定了上蛾眉月发生时，月亮与太阳间的距角为 7°。换言之，如果月亮与太阳的距角超过 7°，月亮在太阳落山后一定不会位于地平线上太低的位置，根据测算，地平线以上 5° 可以作为一个合适的标准。显然，这些都取决于当时的气象条件和观测时所处的位置。

与位于地球表面在太平洋和北冰洋中曲折分布的国际日期变更线相同，同样有一条以朔望月为标准的国际日期变更线将地球一分为二，但地球上的朔望月日期变更线在每次新月发生时都会发生变化。在这条线以东，我们能够看到上蛾眉月的可能性依次递减，以西则相反，观测到上蛾眉月的可能性随着距日期变更线距离的增加而逐渐增大。这不难理解：越往西就越可能在合相后看到月亮，观测者也越有机会欣赏到上蛾眉月。

自 20 世纪以来，天文学界兴起了一项十分流行的活动：挑战最细的上蛾眉月纪录，即黎明时分，观测天空中从新月到上蛾眉月的最短时间。这种观测分为凭借肉眼观测和借助仪器观测两种类型。肉眼观测的纪录为1990年创造，为新月发生后的15小时32分，而借助光学设备的纪录是在2002年创造的，时间是新月发生后的11小时40分。

## 20 : 00

# 制造错觉的月球

晚上 8 点是在电视机前收看新闻的时间，面对错综复杂的信息，学会如何甄别真伪，判断现实与错觉已经成为一项必不可少的技能。但是有一种错觉：任何新闻调查和科学研究都无法揭开，那就是月球错觉，当月球距地平线足够近时，地球上任何角落都能看到这个最著名的幻象。其实这没有任何奇妙的把戏，只是一个让我们困惑了近 3000 年的谜团而已。

职业的摄影师们会告诉人们：如果想拍摄一幅月亮大到不成比例的画面，你需尽可能远离取景地，并借助超长聚焦远摄镜头（600～800 毫米），小心地将月亮放到画面中背景的位置。如果需要拍摄出月亮气势恢宏的画面，最好选择满月的时候，这时的月亮会发出一种不真实的光芒，以威严的气势占据整张构图。这会不会只是摄影师或电影导演为了制造画面的恐怖感而使用的小技巧？其实并不完全是这样。

这种技巧提醒我们，当月球刚刚升起还在地平线低处时，看起来似乎比位于高空时更大，有些人甚至形容它比平时大 2 倍。严格来讲，月球在地平线时本应看上去略小一些，这就更使人迷惑了。实际上，月球与我们的距离略大于地球半径，因此位于地平线的月球距我们更远，所以看起来应该更小。星座和太阳也存在这种错觉。

为了证明这是一种错觉，只要再现满月从地平线上升的不同阶段就会发现，月球自始至终的大小都相同。你可以用一张纸来完成这个实验：将它卷成一根细细的管子并对准月球，然后将管子调整至略大于月球直径。将管子的接口处粘贴牢固，以此确保它的直径始终不变。当几小时后月球升至天空高处时重新使用管子观测月球，你会发现此时月球在管子中占据的空间与在地平线附近时完全一样。所以月球并不像气球一样，大小会随着在天空中的高度不同而发生变化。

早在 2600 多年前，有人就对这一现象提出了疑问，然而直到今天，人们也没有找到完全使人信服的答案。最早的记载之一可以回溯到公元前 7 世纪，在尼尼微[1]发现的一块刻有楔形文字的泥板上就有关于这一现象的记载。直到几个世纪之后，古希腊的哲学家们才将其解释为"错觉"，这是人们最早用自然的观点阐述这一现象。到了公元前 4 世纪，亚里士多德认为这种错觉的确存在，并且表明可能是由地球大气的原因导致。然而直到公元 11 世纪，人们才第一次确切地以错觉解释这类现象，此人就是伟大的阿拉伯天文学家海什木，他还有一个拉丁化的名字 Alhazen。对于海什木而言，毫无疑问地，这是一种错觉现象，他借助另一种错觉对该现象进行了解释。

当云朵布满头顶的天空时，我们会产生天高云远的感觉。天球看上去也许更像是一个表面平整的汤碗，而不是一个形状完美的半球。云朵的大小基本一致，有的与我们相隔甚远，它们位于靠近地平线的地方，看起来比我们头顶的云更小一些。在不经意间，我们的大脑就会产生同样的联想：地平线处的天空距我们所在的位置比垂直方向的天空距离更远。其实这只是由于高空和地平线处的天空造成的一种错觉。

---

1 Ninive，古亚述帝国重镇，位于底格里斯河东岸，在今日伊拉克北部城市摩苏尔附近。——译者注

　　海什木就是利用这种错觉解释月球错觉。根据他的观点，人们看到的地平线处的月球像观看云朵一样，与位于高空时的月球相比，地平线处的月球看上去距离更远。特别是我们和地平线之间存在着绵延不断的背景（房子和树木），使人产生了距离感，这也许就能说得通了。

　　高悬在天空中的月球就是另外一回事了，高空中没有任何熟悉的物体可供参照，因此我们也无法产生距离感。月球仿佛挂在天球顶点，我们在潜意识中认为天空是平面而非球面。高悬于天空中的月球似乎比位于地平线时距我们更近，因此就会产生这样的错觉：越近的物体看上去越小，这似乎同样适用于地平线处的月球，它看上去距离我们更远，因此在视觉上更大。

　　我们都知道距离与角大小相关联的认知模型。当我们看到两个身高相同的人，视角[1]越小的人在感官上距离我们更远。月球也是同样的情况，视角始终相等，但距离大小不同，因此当我们看到距离似乎更远的月球时，也一定会认为它在视觉上更大。

　　怎样确定我们观测的月球视角大小始终不变呢？其实

---

[1] 即物体两端引出的光线在人眼中心处形成的夹角。物体尺寸越小，距观察者越远，视角就越小。——译者注

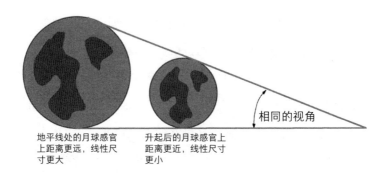

地平线处的月球感官
上距离更远，线性尺
寸更大

升起后的月球感官上
距离更近，线性尺寸
更小

相同的视角

不论什么时间，月球在人眼视网膜上的成像大小始终一致
（0.15 毫米）。换言之，月球在视网膜成像时一切正常，随
后到了大脑层面，我们的感官和记忆让事情变得复杂了，
错觉也由此产生。

记忆对错觉的产生发挥了很大作用，如果不是这样，
你为什么会感觉地平线处的月球比在天空正中时的月球更
大呢？这是因为在我们记忆中早已保留了月球兀自高悬在
天空的样子。这种解释虽然还停留在假设阶段，但也足以
说明视角大小的不同会带来视觉距离远近的变化。同时，
我们的大脑感觉天空是平的，这是有问题的，因为在晴朗
的夜空中，这种感觉远远没有白天那么强烈。

海什木的解释跨越了几个世纪，然而这个问题是否
解决了呢？其实并没有，因为还有另一种错觉恰好反驳了

这一巧妙的理论，至少是在视觉上对此提出了质疑，我们将其称为悖论。这种错觉其实是月球与我们玩的另一种把戏，地平线上的月球看起来不仅更大，也似乎离我们更近，但天球模型的解释是，地平线上的月球其实距我们更远。而我们的常识是：如果月球更大，它一定离我们更近，视角大小是否一致并不重要，只有线性尺寸发挥着决定性的作用。

那么是否要推翻此前建立于视距离之上的理论模型呢？最终我们还是回到了鸡生蛋和蛋生鸡的问题：到底是视距离决定感官大小，还是感官大小决定视距离？产生月球错觉的主要因素是否为地平线的远近？当我们弯下腰，眼睛通过两腿之间观测地平线处的月球时，就会发现这种错觉完全消失了，谜团似乎更令人不解了。儿童对月球错觉的体验比成年人更为明显。除此之外，无论是在没有任何距离标识的原始平原还是广阔海面的夜空中，甚至对于在云层上方飞行的飞行员，月球错觉始终存在。因此，视野中是否存在参照物也许只是这一现象的部分原因。科学家们的研究范围应进一步扩大，从天文学扩展到其他学科，比如光学、物理学、生理学、心理学甚至哲学。

因此到了 20 世纪，另一种解释逐渐引起了人们的注意，这一理论涉及人类的动眼神经系统：眼睛受到外界刺激时会在大脑层面产生对应的物体图像。准确地说应该是双眼受到刺激，因为我们的双目视觉系统由两只眼睛构成，也正因此才具备了出色的动态和自适应能力。

为了使外界物体在大脑中生成简单清晰的图像，人眼先天就具备两种机制：汇聚和调节。汇聚可以使两只单眼形成的视网膜图像重新合并为一个统一的图像；调节则是实现视网膜的自动聚焦。这两种机制属于反射作用，因此可以解释月球错觉的产生。当月球靠近地平线时，距离地面上的视觉参照物也较近，比如树木、建筑物等等，这在很大程度上已经削弱了眼睛的汇聚作用。如果地平线远处还有其他参照物，那么此时看到的物体在感官上将大于地平线空无一物的情况。相反，当月球高悬于天空时，周围没有任何距离标识，双眼趋于静止，汇聚和调节的距离小于观测物体到眼睛的距离，因此物体在视觉上更小。

因此，人眼汇聚系统的自适应会导致调节功能的变化，进而在大脑中形成充分聚焦和融合的双眼图像。这两种动眼视觉大小发生变化的作用分别被称为"视物显大症"和"视物显小症"。

这些动眼行为的原因目前尚不清楚。长期以来，动眼行为一直被认为是生理作用，如今科学界却趋向于心理作用。因此，视距离远近取决于感官大小的理论不复存在。在先前的假设中，月球的视觉线性大小变化实际上由视距离的感官变化导致。然而按如今的假设，月亮视角大小变化的原因则是动眼视物显大症和视物显小症。

反驳第一种假设的悖论随着第二种解释的成立而消失。因此，地平线处月球的感官大小变化自然是人类的认知系统所导致，并不是因为月球实际大小发生了变化，我们都知道月球本身的大小是不可能发生改变的。车祸和飞机失事的元凶也许就是视物显小症。物体在大雾中看上去距离更远，这是因为我们受视物显小症的影响在感官上认为它比平时更小，所以才会在驾驶过程中错误地估计了制动距离。然而，动眼神经作用也许并不能完全解释月球错觉的现象。

通过以上所有试图解释月球错觉的观点可以得到哪些结论？这一问题远未解决，现如今，任何假设都无法完全对这一现象做出解释。不过至少在一点上人们达成了一致：靠近地平线的月球看上去比它在天空中升起时更宽或者更大，这是一种由心理感知造成的错觉，与视觉没有任何关系。

不过我们用来描述这一现象的措辞已经表明其中带有一些倾向性的观点,这将对应截然不同的解释。那么月球位于地平线时到底更宽还是更大呢?如果月球更宽,那么它在视觉上的面积更大,相应的线性尺寸也更大。在这种情况下,大小不同引起的距离改变这种假设就更加可信,这也是海什木提出的理论,他利用人眼看到天空是平的这种错觉对此做出了解释。随着月球在天空中的高度增加,它的视面积也逐渐减小。月球升得越高,看起来也就越窄。

如果月球位于地平线时更大,那么相反,这是由于摄影师使用了长焦镜头使它看起来比实际情况更大。与上一种情况不同,此时是由于眼睛改变了焦点,以此看到更清晰的月球。在第二种解释中,视距离不再对月球的感官大小有任何影响。

那么月球在地平线时到底是更宽还是更大呢?还是二者兼而有之?答案很有可能是多重因素,而不是只有一个原因。如果我们一直坚信的错觉并不存在呢?如果事实与我们的认知完全相反,说不定月球高悬在空中时果真会变小呢?

## 21:00

## 蓝精灵是如何诞生的?

晚上9点,差不多是孩子们上床睡觉的时间了。这时一定少不了睡前的读故事环节,手捧一本连环画,每晚如此。大人朗读文字,孩子在脑海中想象着画面。在所有美妙的故事里,《蓝精灵历险记》无非是一个很好的选择。不过你是否确定自己已经完全了解这个故事了?因为这个问题几乎摆在了每位家长面前:"爸爸/妈妈,蓝精灵是从哪里来的呢?"

第一个办法:你开始对哺乳动物的繁殖进行长篇大论的解释(假设蓝精灵是哺乳动物的话),不过这很有可能会引出下一个问题:"那蓝精灵的宝宝呢?它们和蓝精灵一样吗?"经历了一天漫长的工作,你一定不想把时间花在回答这个问题上,如此疲劳地度过晚上9点的时光吧。

第二个办法:你对蓝精灵的故事已经烂熟于心了,尤其是《蓝宝宝》一集在序言中讲述了蓝精灵宝宝在一个有蓝月亮的夜晚被一只鹳带到了村庄里（如果你是一个愿意刨根问底的人，我可以告诉你这是《蓝精灵全集》第 27 集）。要是你还想在孩子面前保持自己的威信力，那么你最好知道这个问题的答案："什么是蓝月亮呢？"

"蓝月亮"的说法来源于盎格鲁 – 撒克逊人，没错，还是他们……这一说法可以追溯到公元 16 世纪，最早的用法是形容说话内容荒诞：月亮是蓝色的简直和将它说成黑色或白色一样荒唐。后来，蓝月亮的意思发生了改变。如今在英语中有一句俗语"每当遇到蓝月亮的时候"（once in a blue moon），意为"千载难逢"，法语中也有类似的表达，"每月 36 天的时候"，用来形容非常罕见的时候。

蓝月亮的确是不太常见的现象，这并不代表我们永远看不到它。在天文学中，蓝月亮指同一个月内出现的第二个满月，2018 年的 1 月和 3 月就曾出现过。这一现象着实罕见，因此人们才有了一个荒诞的想法，将这种满月命名为"蓝月亮"。实际上，蓝月亮有时是深红色的，比如 2018 年 1 月 31 日出现的蓝月亮其实是由月全食造成的。

这种现象到底有多罕见呢？有种月相周期叫作"默冬周期"，该周期规定相同月相每隔 19 年会在同一天出现。

换言之，如果 1 月 31 日出现满月，那么我们可以肯定 19 年后的 1 月 31 日夜晚一定有满月出现。

我们通过简单的计算就可以了解这一周期。19 年中恰好有 235 个满月，这是因为朔望月的平均长度为 29.53 天——朔望月是指月亮再次出现相同月相所用的时间。一年的平均长度为 365.25 天，我们可以据此计算出 19 年内满月的数量约 235 个满月。不过在同样的时间段内，我们有 228 个历月（19×12＝228），所以多出 235－228＝7 个满月，这意味着在 228 个月中累计有 7 个额外的满月。因此，平均每 32.57 个月（228÷7≈32.57）即每 2.7 年就会出现一个月内有两次满月的情况。

不过归根结底，蓝月亮为什么是蓝色的呢？

历史上有诸多关于蓝月亮的记载，还有蓝太阳甚至是绿太阳。这些记载都有一个共同点：火山爆发。1883 年喀拉喀托（Krakatoa）火山爆发，距今更近的是 1991 年皮纳图博（Pinatubo）火山爆发。本书前文已经解释了天空是蓝色的原因，那么蓝月亮的产生也有可能是因为悬浮在大气中的颗粒受到阳光照射的作用。

火山爆发会产生大量大小不同的灰尘。这些灰尘可以小到直径只有 850 纳米，比空气中的分子要小 1000 倍。

在这种情况下，光线中的红光首先会在大气中散射，而蓝光则可以径直进入我们的眼睛，既不发生散射，也未经过削弱。此时，月亮或太阳就蒙上了一层暗淡的蓝色。直径大于 1100 纳米、尺寸略大的灰尘起到的作用与较小的灰尘类似，不过此时绿光会更容易进入人眼。因此这时的太阳或者月亮就会呈现出绿色。

当这两种情况出现时，在远离恒星的地方，天空和光线将呈现出暗红色。通常而言，火山烟灰的颗粒大小变化范围很广，因此肉眼看到的月亮或太阳的颜色介于勉强能够辨认出的蓝色与绿色之间。因此只要看一眼天空中这两个天体的颜色，我们就能判断当时的空气质量。

# 22：00

## 月亮在哪里？

在巴黎天文台的天文计算与信息服务部，这里的日常工作看起来就像电视剧《犯罪现场调查》其中的一集那样。我们经常需要协助司法机关，以使调查取得更快进展。实际上，这里的工作远没有电视剧里吉尔森博士和他的团队那样令人惊心动魄，但我们与他们一样，对事实有着坚定的追求。在某种程度上，我们可以谈谈犯罪天文学。

出于职业规定，我们无法在此讨论某一案件的细节，不过倒是可以聊聊《犯罪现场调查》的其中一集，这集的情节就是建立在天文计算的基础上。在第九季第十集的剧情中，拉斯维加斯警察竭尽全力寻找一名连环杀手以及他刚刚绑架的年轻女性。在一段早年拍摄于杀手老巢内的视频中（画面显示拍摄时间为1997年6月15日22点41分），人们发现在两山之间的地平线上45°以东的方向出现了

"渐亏凸月"[1]。借助地形测量图，警察们很容易就找到了当时可以拍摄到月亮位于该处的位置，进而确定了这名精神病患者加害受害者的小屋所在地点。

月亮之所以能在本集中扮演关键角色，是因为通常情况下我们并不知道它在哪里，或者说它应该在哪里。有时月亮与太阳一起从地平线升起，有时太阳落山后它才徐徐而出。看上去月亮的运动没有任何规律可言，不过这也只是看上去。试想一下，我们是否见过日落后满月马上从地平线升起？这种情况可能发生吗？月相中是否有我们遗漏的线索，可以借此得知月亮的位置？

为了理解这一点，我们回到月球围绕地球运动的特点：月球的恒星周期，即月球围绕地球旋转完整一周并回到同一个与其他星体（即恒星）的相对位置所需要的时间。这一周期为 27.321 66 天。现在让我们考虑月球经过子午线的瞬间，也就是月球恰好位于一天内在天空运动轨迹的中点：此时的月亮位于南方，换言之，在这一瞬间，月亮指向南方。那么月球多久后会再次通过子午线呢？对于太阳而言，答案很简单：24 小时。对于月亮而言，这个时间并不清晰，因为在此期间月亮在宇宙中的位置不断

---

1 即满月后的凸月。——译者注

改变，它在沿着自己的轨道运动。

当我们从地球观察月球在天空中翩翩起舞时，很难发现月球其实在围绕地球运动，这是因为它的速度并不快，通过肉眼无法察觉到它的运动。不过，我们在飞机上就可以注意到月球位置的改变。月球和飞机的不同之处并非速度，而是距离。飞机在 1 秒内可以通过 250 米的距离，而月球可以通过 1000 米。月球在水平线上的速度是飞机的 4 倍，然而在我们看来，乍一看月球的位置在天空中并没有改变。这是因为月球距地球的距离远大于飞机距地面的距离，地月距离大约为 38 万千米，是飞机巡航高度的 3800 倍。这就解释得通为何我们感觉不到月球在天空中的运动了。

因此我们不能立即"看到"月球的真实运动，而是只能看到它的视运动或表观运动。的确，我们看到月球在天空中的轨迹，从升起到最终落下。这种运动并不是月球本身的运动，而是由地球产生。然而，我们无法感觉到地球自转，因此才有了所有恒星、行星、太阳和月球都从地平线"升起"而后"落下"的错觉。天空无时无刻不在欺骗着我们。

不过，任何人都可以观察月球的运动，只要你有足够的时间和耐心。首先在月球附近找到一颗恒星并记住它的位置，一小时后再次观察月球相对于参照恒星的位置。在这一小时中，这颗星星与月球将和天空中其他恒星一样共同"旋转"。现在我们知道，它们的视运动实际上是由地球自转产生的。然而，我们需要注意此时月球和参照物恒星的相对位置已经发生变化，月球在天空中的运动距离与它的视直径一致。视直径的大小为 0.5°，也就是我们从 2 米外看到的一枚 1 分欧元硬币的大小。

我们可以通过简单的运算验证这一观察。如果月球在 27.321 66 天内可以绕轨道旋转 360°，这就意味着它一小时内在天空中运动的距离为 0.549°（360° ÷27.321 66÷24 小时≈0.549°/ 时）。然而地球的自转周期为 23 小时 56 分 4 秒（或 23.934 小时），这也是同一颗恒星回到子午线的时间。在相同时间内，月球在空中将移动 13.140°（0.549×23.934）。地球、月球以及所有星体都在同一时间内转动，因此我们唯一可以用来测量月球连续两次通过子午线时间的办法就是计算月球相对于地球的运动速度，也就是说在某种程度上使地球停转。

我们在此总结：已知在 23 小时 56 分 2.4 秒，即地球自转 360°后，月球自转了 13.141°；因此月球总共旋转了 346.859°。此时你是否还跟随着我的思路？相对于地球而言，月球必须绕地球旋转 360° 后，也就是约 24.841 1 小时（360÷346.859×23.934≈24.841 1），即 24 小时 50 分钟后才会回到子午线。现在我们终于可以得到结果：月球平均每天经过子午线的时间都比前一天晚 50 分钟！

现在，我们可以用这种模型确定平太阳时间，也就是太阳连续两次经过同一子午线所需的时间。对于月球而言，太阴日为 24 小时 50 分。因此月亮每天从地平线升起的时间会推迟 50 分钟。在新月出现后的 7 天，此时的月相被称为上弦月。我们将此规律应用于太阴日，那么上弦月将会在太阳上升后约 6 小时（50×7÷60）从地平线升起。当太阳落山后，月亮将位于子午线附近，也就是天空最高处，同样，在新月的 14 天后，月相将变为满月，月球将在太阳升起后约 12 小时从地平线升起，也就是几乎与太阳落山同时发生。因此月相（即月球被太阳照亮的可见部分）可以帮助我们大体了解月球相较于太阳的运动，进而推断它在天空中所处的位置。

然而，事情并非如此简单。随着秋分的临近，月亮升起和落下的方式令人十分惊讶。阿拉戈（Arago）[1] 在他的著作《通俗天文学》（*Astronomie populaire*）中写道："英国的

---

1 法国物理学家和天文学家。——译者注

农作物收割大约在九月中旬结束；然而人们发现，太阳落山后很快就能看到满月发出的月光，在某种程度上，我们可以说是白天的时间变长了。我们还注意到在同一时期的几天内，月亮几乎会在同一时间从地平线升起，而在当月剩余的几天内，月亮每天升起的时间差逐渐增大，直至增加为 1 小时 15 分。"实际上，在最接近秋分的几天里，满月的升起时间或早或晚，但几乎相差无几。在 18 世纪的英国，这种满月被称为"收获月"或"收割月"。月亮可以让农户们在太阳下山后依然可以借助足够明亮的月光继续收割。在英国，收割期距秋分时节不远，虔诚的劳动人民将这种现象视为上帝的恩赐，明亮的月光可以帮助他们继续劳动，以便在第一次寒潮降临前完成收割。

随着纬度升高，这一现象越发明显。不过在赤道附近截然不同，月亮连续两次从地平线上升的时间始终相隔50 分钟。比如在巴黎的同纬度地区，月亮连续两次从地平线升起的时间最短相差大约 20 分钟，而月亮落至地平线以下的时间差最长可达 1 小时 30 分钟。如今，人们仍然将秋分时节的满月称为收获月。

秋分后的下一个满月情况则完全相反，也就是说，月亮连续两次升起的时间差达到最大，而连续两次下落至地

平线的时间差最小，此时的满月被称为狩猎月。产生这种
现象的原因是月亮相对于地平线的运动轨迹有所不同。临
近秋分时，月亮升起前的运动轨迹十分贴近地平线。反
之，到了从地平线落下时，月亮几乎呈垂直状下落。从前
一天到第二天，月球在轨道上都会前进 13°，这意味着月
亮在天空中的位置也沿着此前经过的路径改变了 13°。月
亮从地平线升起后依旧紧贴地平线，每天月亮出现的时间
相差不多。然而到了月亮落下时，它的路径都会在前一天
的基础上移动 13°，也因此导致月亮从地平线落下的时间
比前一天推迟了近一小时。

# 23:00

## 天外来客

8月中旬，一个美丽的夏日夜晚。晚上11点左右，也许你在抬头仰望天空时会发现，有一道光芒快速地从天空中划过了。光芒仿佛如烟花一般，产生了绚丽的光束。别担心，这并非是未经我们允许就高速穿过地球领空的外星人舰队，也不是直到18世纪人们仍然坚信的某种大气现象。这些光芒的确由地外物体产生，它们来自宇宙，不过并不是外星人，而是灰尘。它们的大小微不足道，直径比1毫米还要小。

这些灰尘来自彗星，这种"多毛"的星体通常在接近太阳时开始挥发，同时向外喷射出大量尘埃，这些灰尘将沿着绕太阳运转的彗星轨迹向四面八方飘散。因此，彗星的轨道布满了尘埃，它们围着太阳旋转，乐此不疲。

彗星尘埃的轨道刚好与地球轨道相交，它们也将在与

地球轨道相遇的这一天进入地球的大气层。因此每年的同
一天，地球都会迫不及待地将脑袋探进尘埃形成的云朵，
也就是微陨星尘里，这是某个彗星的产物。也正是因为地
球和尘埃云的这次相遇，流星雨得以诞生。这些流星雨仿
佛来自天空某处的一个小洞，仿佛是尘埃云从钥匙孔中钻
进了大气层。天文学家们更像是伟大的诗人，他们观察流
星雨出现的方向，用附近的星座进行命名，就像古希腊人
用后缀 ides 为众神的女性后裔命名，比如著名的涅瑞伊得
斯（Néréides）就是海神涅柔斯（Nérée）的女儿。

这些发光的尘埃也许是某位天神或者古希腊英雄的
女儿，她们的父母则是统治这些星座的主人。每年大约有
30 场流星雨，最著名也最有观赏价值的是英仙座流星雨，
观测时间在 8 月 12 日左右。这场流星雨来自斯威夫特 -
塔特尔（Swift-Tuttle）彗星，也许这颗星就来自英仙座。
在这场流星雨中，每小时大概能看到上百颗流星。随后是
10 月 21 日左右发生的猎户座流星雨，11 月 16 日狮子座
流星雨，12 月 13 日双子座流星雨，以及有着最长周期之
一的室女座流星雨，从 1 月 25 日开始，直至 4 月 15 日结
束，进入地球后将依次经过猎户座、狮子座、双子座和室
女座所在的天空区域。这些小颗粒将以非常快的速度穿过

大气层，时速大约为 50 000 千米。

对于流星雨而言，平静的生活已经在宇宙中结束了，它们将进入充满空气分子的地球大气层。通过大气挤压，这些尘埃会在强烈的摩擦下迅速产生热量，随后发出耀眼的光芒。彗星的颗粒与大气接触后立即气化，因此在下落的过程中带有一条发光的尾巴。据统计，每年大约有 5000 吨彗星产生的尘埃坠落到地球表面。

这些天外来客有时并不友好，特别是在完全无法预测的情况下。此时它们不再是颗粒状，而是重达几吨的流星体，即小行星或彗星解体后的部分，主要由大块的岩石和铁构成。它们孤独地在太空中飘浮着，当它们进入地球大气层时，也会产生发光现象。如果在此过程中它的光芒非常耀眼，那么则会被称为火流星。如果到达地面后仍然没有完全气化，它的身份会再次改变，被称为陨石。

也许你会错过流星，但一定不会忽视火流星的存在。它的出现往往伴随着耀眼的光芒，随后在天空中发出如雷贯耳的声响。通常整块流星体会在摩擦的作用下迅速分解为成百上千的碎片，并且在高空突然爆炸，结束这一趟疯狂的旅程。这种现象会产生非常强大的冲击波，以至于地面都能感受到，具有相当大的破坏力。

2013 年乌拉尔地区的车里雅宾斯克就发生过一起火流星事件。据估计，流星体直径长达 20 米，它在距离地面 30 千米的高空爆炸后完全解体。这种类型的事件每个世纪都会发生。更为壮观的是 1908 年发生在西伯利亚平原的通古斯大爆炸。这次撞击地面的流星体直径长达 50 米，在距离地面 10 千米高度的天空爆炸。位于此次爆炸下方的一片半径为 20 千米的森林全部被毁，但破坏程度远不止这些。幸运的是，这种灾难事件在已知的人类历史中并不多见，平均每 1000 年才出现一次。

虽然大部分物体在下落过程中已经熔化或者气化，但仍有一部分物质到达了地面。不过每年最终能够到达地面的物质很少，平均为 5000 个质量约 1 千克左右的物体，即 5 吨的物体，这仅仅是彗星尘埃质量的 1/1000。人类第一次在地球上观测并收集陨石的时间可以追溯到 1492 年 11 月 7 日，当时的发现地点位于昂西塞姆，陨石的质量重达 120 千克。当时哥伦布刚刚踏上美洲大陆，人类对地球知之尚浅，突然天降巨石。任何人都未能想到这是来自外太空的物体，而是将它视为上帝的象征。为了阻止它重回天空，这块陨石被人们用铁钩固定在教堂的墙上，直到 3 个世纪后的 1793 年才被拆除！

　　自此之后，人类历史上有记载的流星观测记录也只有不到 1200 次。坠落到地球表面的流星中有将近 3/4 坠入海中。陨石基本存在于沙漠，由于没有植被，这里更容易被发现，干旱也是陨石得以在千百年间完好保存的又一原因。全世界现今发现的陨石大约有 55 000 枚。

　　如果流星体积巨大，大气层无法通过摩擦降低它的坠落速度，一场剧烈的碰撞将不可避免。流星体坠落到地面的瞬间速度可以达到 36 000 千米 / 时，碰撞将产生巨大的冲击波，在地面形成一个撞击坑，随后流星体将完全蒸发，在空气中消失得一干二净，哪怕是希望留一小片作为纪念也绝无可能。碰撞形成的撞击坑直径巨大，可以达到流星体大小的 10 倍甚至 20 倍。如果从高空扔下一块直径为 1 千米的巨石，那么这块巨石坠落到地面将产生直径为 10 千米甚至 20 千米的撞击坑，其中释放的巨大能量无须多言。

　　据统计，地球上目前有超过 190 个撞击坑，月球上更是成百上千。与地球不同的是，数十亿年以来，月球的地质一直处于非活跃状态，既无侵蚀，也没有板块构造的碰撞，所以这些宇宙巨石在月球表面形成的撞击坑得以保存下来。

　　法国唯一的陨石撞击坑已经因侵蚀作用几乎完全消失

了，这个撞击坑位于利穆赞大区的罗什舒阿尔区，形成于2亿年前，直径大约为23千米。还有一些坠落在地球上的流星体体积更大，甚至造成了物种灭绝。在距今6500万年前的墨西哥附近就曾出现过类似的情况：据估计，流星体直径约10千米，在地面形成了直径长达150千米的巨坑。这次撞击造成了当时40%生物物种的灭亡，恐龙也因此退出了地球的舞台，人类才得以不断进化、繁衍，直至今天。然而，不是所有的物种灭绝都可以归咎为流星撞击，另外四次生物大灭绝都与撞击坑无关。

这些宇宙中的巨石从何而来呢？最常见的是小行星，也有彗星。在进入地球之前，它们都是千百万年前剧烈的宇宙碰撞产生的碎片。在过往的几年里，区分小行星和彗星还是一件相对容易的事。

在过去，人们认为小行星是岩石或金属物质，而彗星则是包含大量挥发物质的冰质物体，主要是甲烷或一氧化碳。当彗星远离太阳时，这些挥发性物质被保存在冰里。彗星接近地球时温度逐渐上升，冰开始融化，其中的挥发物在宇宙中开始蒸发，然后从彗星的彗核中喷出，因此形成了略带蓝色的尾巴——彗尾。

后来，这种分类趋于细化，因为近年来研究发现，小行星类似于已经熄灭的彗星，其中含有的挥发物已经消失殆尽，因此不存在挥发作用。还有一些彗星被称作"死彗星"，它们虽然存有挥发物，但这些物质被封闭在彗星的岩石表层内。当体积相等的小行星或彗星的碎片到达地球时，彗星蒸发后的遗留物质量只有小行星的一半或 1/3，但速度却是小行星的 2～3 倍，因此它们释放出的能量是相等的。

看到这些"好消息"，每一个优秀的读者都会思考这样的问题：我们的天空会不会因为这些天外来物而塌下来呢？人类到底在害怕什么呢？上面的文字已经给出了答案：造成生物大灭绝至少需要一个直径 10 千米的物体坠落到地球上，如此事件要数百万年才会出现，这样看来，我们的担忧也就不复存在了。

然而，威胁我们的反倒是那些最小的石头。我们将小行星定义为直径超过 5 千米的物质，这意味着人类非常了解它们的运动轨迹，并且可以预测它们到达地球附近的时间。然而，一旦有一颗小行星有朝一日向地球飞来——平均而言，这种事情每 600 万年发生一次，这次撞击将释放出 1 万亿吨 TNT 炸药产生的能量。为了能形象地描述这一数字，我们可以将其与广岛原子弹爆炸的能量相比较，后者只相当于 1 万吨产生的，小行星撞击地球产生的能量是原子弹爆炸产生的 1 亿倍。

我们再将标准降低一些，现在来看看那些直径小于 1 千米的物质。天文学家们已经观测和识别到了其中的 90%。平均每 100 万年就会有一个这样的物质造访地球。然而，真正构成威胁的是直径大于 150 米的物质。也许你会认为它们微不足道，那你就大错特错了。只要距离地球小于 750 万千米，这类物质就会被定义为潜在威胁小行星（英语缩写为 PHA，全称为 potentially hazardous asteroid）目前已知的潜在威胁小行星有近 2000 颗，其中距离最近的小行星预计将于 2029 年 4 月 13 日与地球相遇。这颗小行星可以说是"人如其名"，被命名为"毁神星"（Apophis），它的直径为 325 米，届时与地球最近的距离可能为 40 000 千米，只有地月距离的 1/6。

这类物质与地球相遇的频率相对较高：平均每 5000 年就会发生一次，但这种情况产生的能量相当于 15 000 颗广岛原子弹产生的，足以造成一场区域性甚至可能是全人类的灾难。问题是人类尚未全部了解这类小行星，甚至远远不及！我们（原本）的目标是在 2020 年前能识别出 90%，然而这仅仅是一个目标，因为目前我们只发现了其中的 10%。

体积越小，这样的物体也就越多，在它们运行至地球附近的前几天，会发现只有数十米长的小物质并不罕见。而这种体积的彗星则是不太常见的客人，最近一次经过地球的彗星是 1770 年的莱克赛尔彗星，当时它与地球的距离为地月距离的 6 倍，即 225 万千米。

这些太空中的小石子令人恐惧。然而，它们也许恰恰是地球生命的起源。这是一个非常严肃的假设：地球生命可能以细菌或微生物的形式存在于宇宙恶劣的环境中，它们被保存在这些小石子中，从太空来到地球——只要看看缓步动物的生存环境，你就相信这种假设了。这些小于 1 毫米的小动物可以在惊人的恶劣条件下生存。因此生命也可能存在于另外的行星中，比如火星。也许它们之前一直在那里生存，直到在地球上实现了飞跃式的进化，随即在原来的星球中消失。在如今人类收集的所有陨石中，有 200 颗来自火星，300 颗来自月球。也许对这些陨石研究完毕后，我们会发现一个此前忽略的事实——原来我们自己就是火星人？